服装设计基础

主　编　李　卉　华　雯
副主编　陈星毅

东南大学出版社
·南京·

内容提要

本书从服装设计的专业理论着手，详细、系统地介绍了从事服装设计专业工作所必须掌握的相关理论，与《服装设计方法》互相衔接。具体内容包括服装设计概述、服装的美学原理、服装的廓形设计和服装的细节设计四个知识模块内容。四个模块之间环环相扣，由浅入深。每个模块结束均附有小结，帮助学习者对整个模块内容进行总结梳理，并提供思考练习题，以便学习者在学习中分清主次，了解掌握程度。

本书可作为高等院校服饰类相关专业，如服装设计、服装工程等的本科及高职高专学生，也可作为服装爱好者的参考书目。

图书在版编目(CIP)数据

服装设计基础 / 李卉，华雯主编. — 南京 ：东南大学出版社，2020.1

ISBN 978-7-5641-8644-9

Ⅰ.①服… Ⅱ.①李…②华… Ⅲ.①服装设计 Ⅳ.①TS941.2

中国版本图书馆 CIP 数据核字(2019)第 263751 号

服装设计基础

Fuzhuang Sheji Jichu

主　　编：李　卉　华　雯
出版发行：东南大学出版社
社　　址：南京市四牌楼 2 号　邮编：210096
出 版 人：江建中
责任编辑：戴坚敏
网　　址：http://www.seupress.com
电子邮箱：press@seupress.com
经　　销：全国各地新华书店
印　　刷：南京工大印务有限公司
开　　本：787 mm×1092 mm　1/16
印　　张：10.25
字　　数：260 千字
版　　次：2020 年 1 月第 1 版
印　　次：2020 年 1 月第 1 次印刷
书　　号：ISBN 978-7-5641-8644-9
印　　数：1～2000 册
定　　价：46.00 元

本社图书若有印装质量问题，请直接与营销部联系。电话：025－83791830

前　言

进入 21 世纪以来，随着人们生活水平的不断提高，人们对着装的选择已不再只是为了满足基本的物质需求，也充分体现当下人们的审美倾向和精神需求。服装在不同的经济、政治、文化等因素的影响下，呈现出多元化的发展方向。对服装的设计研究也在不断推进，在新的社会环境之下，服装设计无论从技艺、理论还是其表现出的艺术性都达到了空前的高度，服装设计基本理论的建构也在越来越多同行的努力之下趋于丰富和系统。行业的飞速发展对服装专业高素质人才的需求达到了空前的迫切程度，在此背景之下，服装专业教育也进入了飞速发展时期。

目前，轻纺教育课程改革不断深化，服装设计专业对本专业学习者的能力要求也在不断提高。全国各服装院校也在积极探索本专业的教学改革，产生了许多新思路、新观点、新理论和新方法，切实提高了专业教学的针对性、先进性、科学性和前瞻性，提高了人才培养的实效性；在探索新形势下服装人才培养模式和教学研究方面进行了很多有益的尝试，取得了一批突破性成果。

本书是在现有服装设计类教材的基础上，依照教育部有关应用型专业的办学要求编写的。本书在章节结构设置上做了调整，有别于行业中其他教材。总体章节设置更为清晰简练，而涵盖的内容却更为丰富，每章节中的目录更加细化，力求做到更为全面的理论表达。为了保证教材内容的实效性，本书在编写的过程中，参阅了近年来国内外较为活跃的品牌作品，以及当下流行元素分析，添入大量新鲜图像资料作为文字阐述的辅助，力求立足于当下，在最新的语言环境中讨论服装流行的发展和服装设计流行的趋势。

全书共分四个章节，第一章为服装设计概述，综合论述了从人体到服装再到服装设计的过程。服装设计的对象是人，须先考虑研究服装与人体的关系，才能引出服装设计的研究范畴。本章节中介绍了人体、面料、结构工艺、色彩流行等方面的前沿知识，以及如何将其运用于服装设计当中，使读者能够较为系统地感受到服装从设计到成衣的过程，准确把握服装设计的各个重要环节。第二章为服装的美学原理。相较于其他教材，本书在此章节中将设计的基本原理构建为服装美的构成和服装造型要素两个方面。服装设计的基本原则正是遵循服装审美的方式以及造型规律，在一定美学法则下进行的。第三章、第四章分别从服装设计的外部廓形和内部细节两方面来探讨具体的设计方法和特征。其章节目录更加细化，尤其是细节设计部分，对每种设计细节的分类都进行了详细的介绍，并且配有丰富的图片描述。本书与《服装设计方法》互相衔接，希望能够更为系统、直观地引导读者理解服装设计的全过程，指导学习者掌握设计要领。

由于时间仓促，加之编者水平有限，不足之处难免存留，恳请同行、专家和广大读者批评指正。

作者

2019 年 12 月

目　录

第一章　服装设计概述

自然界的生命种类万千、形态各异，世界正因为有了它们，才变得更加美丽多姿。但其中大部分的物体只能永远保持它们自身的形态和色彩，唯独人类才能主宰大自然，按照自己的愿望、理想和需要，运用自身的智慧和双手，通过服饰的穿戴和装扮，不断地改变着自己着装的视觉形象、空间形态和审美效果。服饰是社会人区别于自然人的一种外在表现形式，服装设计就是设计师借助于人体以外的空间，用面料特性和工艺手段，去塑造一个由人体和面料共同构成的立体着装形象。服装设计侧重于艺术创作，其目的是使所设计的服装既充分表现设计者的创作理念，又符合流行潮流，充分表现出服装的形式美和内容美。随着时代的发展，服装设计已经进入了被人们空前关注的时代。

第一节　服装的特征

服装是人类文化的一个组成部分。从古至今，人类为了适应不同的自然环境和社会环境，经营和培育出了服装文化。广义的服装是指一切可以用来装身的物品；狭义的服装是指用织物等软性材料制成的生活装身用品。服装是一门综合性的艺术，体现了材质、款式、造型、图案、工艺等多方面的美感，也体现了艺术与技术的整体美学结构。服装款式的造型与形态的塑造、面料的质感及色彩的搭配，都能表达出各种服装的使用功能和装饰功能，而服装的制作技艺则是使这种使用功能和装饰功能得以完美显现的至关重要的手段，确保服装在其内涵气质与外观风貌上，体现其特有的艺术形象感和美学意趣。

一、服装的物理特征

（一）设计特征

1. 造型特征

服装设计是视觉艺术的一门分支，服装外形的轮廓给人们留下深刻的印象（图 1-1）。在服装整体的设计中，服装款式的变化起着决定性的作用。由于人体的体型限制，服装外形的变化也受到了一定的限制。但是纵然服装的外部造型千变万化，都离不开人体的基本形态。服装造型设计师应对“型”具有敏锐的洞察能力和分析能力，从而预测并引导未来的流行发展趋势。

2. 色彩特征

服装色彩是外观中最引人注意的因素，服装色彩给人的印象、感受主要是由色彩的基

图 1-1　夸张的服装造型

本性质，即色相、明度、纯度(图 1-2)决定的。人们对色彩的反应是非常强烈的。因此，在服装设计中，设计师对色彩的选择与搭配，既要充分考虑到不同对象的年龄、性格、修养、兴趣与气质等相关因素，还要考虑到在不同的政治、经济、文化、艺术、风俗和传统生活习惯的影响下人们对色彩的不同情感反应。因此，服装的色彩设计应该是有针对性的定位设计，色彩搭配组合的形式直接关系到服装整体风格的塑造。

图 1-2　色彩对服装整体效果的影响

（二）材料特征

1. 面料特征

面料是服装制作的材料，服装设计要取得良好的效果，必须充分发挥面料的性能和特色，使面料特点与服装造型、风格完美结合。柔软型面料一般较为轻薄、悬垂感好，造型线条光滑，服装轮廓自然舒展，在服装设计中，常采用直线型简练造型体现人体优美曲线（图1-3）。挺爽型面料线条清晰、有体量感，能形成丰满的服装轮廓，可用于突出服装造型精确性的设计中（图1-4）。光泽型面料表面光滑并能反射出亮光，具有熠熠生辉之感，最常用于晚礼服或舞台表演服中，造型自由度很广，既可有简洁的设计，也可有较为夸张的造型方式。厚重型面料厚实挺括，能产生稳定的视觉效果，其面料具有形体扩张感，不宜过多采用褶裥和堆积，设计中以A形和H形造型最为恰当。透明型面料质地轻薄而通透，具有优雅而神秘的艺术效果，为了表达面料的透明度，常用线条自然丰满、富于变化的长方形和圆台形进行设计。

图1-3　柔软型面料充分展示女性优美曲线

图1-4　挺爽型面料充分展示服装轮廓造型

2. 辅料特征

作为服装材料的重要因素之一——服装辅料与服装之间也存在着密切的内在联系。一方面，辅料是服装设计的表现工具，服装设计师必须依靠各种辅料来实现自己的构想。良好的造型与结构设想需要通过相适应的辅料才能得到完美体现（图1-5）。另一方面，当代服装多元化的发展趋势对服装辅料提出了新的要求，服装思潮的变化推动了辅料的创新。面料是服装设计的第一语言，而辅料则是服装设计中的点睛之笔。服装设计不是单纯的主观意识上的设计问题，而是设计创意、面料和辅料的完美结合。辅料本身也是形象，设计师在材料的选择和处理中必须保持敏锐的感觉，捕捉和体察辅料所独有的内在特性，以最具表现力的处理方法，最清晰、最充分地体现这种特性，力求达到设计与辅料内在品质的协调与统一。

图 1-5　由珠片、羽毛点缀的小礼服

（三）制作特征

1. 结构特征

服装结构是服装设计的重要组成部分，是造型的延伸和发展，同时也是工艺设计的前提和基础(图 1-6)。服装结构细致分解的平面衣片，通过工艺设计手段，达到立体形态的服装款式造型，只有三者有机结合才能完成最终的服装设计目的。服装结构的目的在于将设计理想变为现实，运用服装结构的基本理论，进行服装结构制图并制作出工业用样板，实现成衣工业化生产中的样板制作与排板。

图 1-6　不同造型的服装

2. 工艺特征

服装工艺是服装从构思设计到成品体现的一个必要环节，是服装设计从平面图纸到三维造型形态得以完成的重要手段，也是影响服装设计的重要因素之一。工艺手段可以使服装造型更加适合人体，展示个性。服装工艺手段包括测量、打板、车缝、熨烫等一系列裁剪、缝制与加工程序。在工艺制作中，操作技术是非常重要和复杂的，必须按照不同款式的要求选用不同的服装材料，对打制的板样进行科学细致的排板、裁片、缝合，技术是否熟练直接影响作品的完美程度（图 1-7）。

图 1-7　不同工艺在服装中的应用

二、服装的精神特征

（一）审美特征

服装是一门综合性的艺术，它离不开艺术的某些特征，作为艺术与技术的产物，两者协调统一就能充分展现服装在材料、造型、款式、工艺等多方面的美感，从而使服装在外观和内涵上具有其特有的艺术形象感和美学意境。审美作为一种意识通过人这一载体，在服装审美上表现得尤为明显。人们对服装审美活动的意识包含在人们对服饰的选择、试穿和评议等一系列活动中，通过这一系列活动从而得出审美的结果。随着生活品位的不断提高，人们不仅追求服装款式、色彩、材质、配饰之间的搭配，更加倾向于服装与个人形象、气质的和谐统一。服装设计的风格呈现多元化，人文艺术具有多样性，当前服装流行色也更加注重个性，强调自我，服装的审美标准也就趋于多元化（图 1-8）。

图 1-8　个性男装设计

（二）象征特征

服装设计语言在一定的文化背景驱使下，呈现出不同的象征意义，其中包括民族的象征、集团的象征、地域的象征和品行的象征等。在我国，早在秦汉以前就已经开始出现冠服制度，以后又逐步完备。帝王将相的官服往往成了权力的象征，代表了一定的尊严和社会地位，神圣不可侵犯。服装是一种符号，人们通过这种符号来表达自己。人们之所以用服装来代表不同的身份、地位、职业，是因为服装的款式、材料和色彩等可以按照人们的意愿创造性地进行设计，这样就能够将不同服装之间的差异性体现出来。服装标识功能的实用性在现代社会中尤为突出，这是因为它能区别各种不同职业。职业装的诞生大大促进了企业人把自己的形象与职业、集团的形象联系在一起，增强了工作中的劳动热情和荣誉感，从而有效促进了部门之间、集体之间、个人之间的竞争与发展；学生们穿上校服，整齐划一，除了能起到标识作用，还有助于学生学习时集中思想，增强团结。

（三）风格特征

对服装设计而言，设计的风格不仅是设计师个体精神特征的体现，而且是设计师个人思想感情和自我追求的体现（图 1-9、图 1-10）。服装设计风格是指设计的所有要素——款式、色彩、材质加上服饰搭配形成的统一的、充满视觉冲击力的外观效果。服装的风格特征是由多个设计元素共同体现出来的，而设计元素是构成服装风格最基本的单位，一般包含：造型元素、色彩元素、面料元素、辅料元素、图案元素、部件元素、装饰元素、形式元素、搭配元素、配饰元素、结构元素、工艺元素。服装风格的多元化是当代设计与审美的一个显著特点，服饰艺术既要从自然界、历史和传统中去寻找温馨的人情味，又要借助现代高科技的手段，用前瞻的视野表现对未来世界的无限畅想。现代服饰艺术的诠释者，只有对多元的审美意向持有高度的敏感性，才能创作出令人惊喜又耐人寻味的作品。

图 1-9　甜美风格女装

图 1-10　中性风格女装

三、服装特征与服装造型的关系

（一）造型是产品的空间架构

在服装产品的设计推广中，造型往往成为设计师系列分类的一个切入点。不同的外部廓形设计以及内部细节造型，都会成为设计师作品创作的出发点。对造型的思索和斟酌，是整件服装设计中最浓重的笔墨，它对最终设计效果的呈现起着直接的、至关重要的制约作用。各种廓形的单品上下、内外的穿插搭配，都会展现出迥异的视觉效果，丰富和活跃着整体的设计环节(图 1-11)。服装内部的细节造型既是整件作品的画龙点睛之笔，又能成为系列拓展的统一延伸，使系列作品从整体上更加具备一致性和完善性。因而服装的造型设计是系列产品中的基本骨架，是设计师空间架构的基本要素。

图 1-11　西服外套的造型设计

（二）造型是流行的主要内容

追溯 20 世纪以来的服装流行史，我们可以发现造型是流行的主要内容，如 20 世纪 50 年代流行帐篷形，60 年代流行酒杯形，70 年代流行倒三角形，70 年代末 80 年代初流行长方形，以及近年来流行宽肩、低腰、圆润的倒三角形等等(图 1-12)。所以，设计师应对造型保持敏锐的观察能力和分析能力，从而预测或引导出未来的流行趋势。服装造型元素与每一时代社会的流行热点息息相关，很大程度上受到流行热点的影响和制约，风格迥异的服装在造型上也会产生很大的变化。在对服装各种流行元素如色彩、图案、造型、结构、材料、肌理、妆容、发型、配饰等加以识别与分析后，我们发现服装的流行正是通过这些流行元素一一诠释出来。因此通过对流行元素的学习，能够掌握流行服装的设计方法，加强造型创意中的关联性与创造性。

图 1-12　2018 年流行的倒三角形服装

（三）造型是制作的参考依据

服装设计与其他设计不同，它的制作表达大多是直接影响并表现于设计作品的外观形态，制作美是服装美的一个重要方面，是服装美的外在表象之一。在服装设计的评价标准中，制作精良，符合人体和人体的机能性要求，并美化人体形态，是服装设计的重要评价标准，也是消费者选择服装的重要标准。同样的造型、材料，因制作处理的差异，也会导致完全不同的风格效果（图 1-13）。制作处理手段的多样性使设计的语言更加丰富，世界名品服

图 1-13　制作是服装造型的外在表象

装无不在制作以及人体机能性等方面品质出色。制作美是名牌征服消费者的利器之一,因此,制作并表现美是服装设计活动的重要组成部分。

(四) 造型是机能的实现工具

狭义上的服装功能就是指服装的机能性。服装机能性包括了服装的一系列功能,如防护功能、储物功能、健身功能、舒适功能等(图 1-14、图 1-15)。任何服装在设计时都有其具体的设计要求和设计目的,尤其对于实用服装设计来说,服装功用的机能美是设计的一个重要方面,许多服装在设计时必须坚持机能性第一的原则。造型设计与服装机能的关系在造型美的众多关系中显得尤为重要和突出,即使服装造型再怎么新颖奇特,离开了一定内容的服装机能,便有可能会变得毫无美感可言。因此,千变万化的造型不能远离服装机能的约束。

图 1-14　具有防护功能的职业装

图 1-15　简约舒适的运动装

第二节　关于服装设计

日常生活的每一天,我们可以用衣食住行来说明,从排列的顺序,足以可见衣在我们生活中的重要作用。在服装设计中,围绕着特定的服装对象——人进行构思和设计,在固定的人体中寻找出千变万化的造型设计。在这些服装的设计中,通过美学原则的应用和处理,创新设计出变幻的、为大众所喜爱的服装。为社会发展所用、为市场发展所用、为不断的经济发展所用,这也就是服装设计的重要意义所在。

一、服装设计的造型

服装造型就是借助于人体以外的空间,用面料特性和工艺手段,塑造一个由人体和面料共同构成的立体的服装形象。从广义上讲,服装造型设计包含了从服装外部轮廓造型到服装内部款式造型的设计范畴。但在一般情况下,服装造型设计更倾向于服装的外部设计,即服装的外部轮廓造型设计(图 1-16),而服装的内部款式造型则常常被称为款式构成或款式设计。

图 1-16 呈现不同三角廓形的服装造型设计

二、服装造型设计的特征

(一) 整体风格的统一

服装造型的设计与服装的色彩、材质等设计要素紧密相连、相辅相成,共同塑造着设计师的创作与追求。同时,服装造型的设计又是整个设计过程中最具个性的服装设计要素。在作品中,造型的表现往往成为观者最为瞩目的视觉焦点。

(二) 时代风貌的折射

服装的发展历程大多表现在服装造型的变化上,如一直被作为古典女装传统造型、“二战”后又被迪奥(Christian Dior)重新演绎并隆重推出的 X 形;20 世纪 20 年代开始流行的 H 形服装;女装男性化的 20 世纪 80 年代流行的 T 形服装,等等。不同的造型设计极为深刻地演绎了时代的变迁和发展(图 1-17、图 1-18)。

(三) 色彩材质的融合

几乎每个历史时期都能够找出代表性的服装造型,而每个时期的服装造型都与色彩和材质很好地结合到了一起,成为对当时政治、经济、文化思潮和社会状态的直接反映。不同的材质在廓形塑造上有着不同的特性,设计师对面料和色彩的娴熟把握,定会为造型设计锦上添花。

图 1-17 “二战”后迪奥隆重推出的 X 形女装

图 1-18 20 世纪 20 年代流行的 H 形服装

三、服装设计的构成

（一）创造性

社会的发展，人类的进步，都是不断创造的结果。创造来源于人们对客观现实的不满足而产生的某种需求，促使人类向高级智慧发展。人类思变求新的本性，为服装设计提供了无限的创造空间，创造设计即为服装设计的根本前提。在服装设计中如果全是模仿，没有新意的话，那就彻底失去了设计的意义，更不会被人们所接受。而服装设计要想具有创造性，设计师就必须围绕消费者的需求心理，充分发挥想象力和创新思维，运用突破性的构思、独特的表现形式、崭新的技艺，精心研究，巧妙设计，使设计作品前所未有、富有新意，如日本设计大师三宅一生的作品无论从造型上还是从材质上都具有很强的创造性(图 1-19)。

图 1-19　日本设计大师三宅一生的作品

（二）适用性

服装具有实用价值和装饰功能。服装生产的最终目的是为了满足人们的穿着需求，给人以舒适和美的享受。服装作为一种商品，只有消费者最终的购买才能实现其自身价值。因此，服装设计一定要把服装的美观适用、功能齐全作为根本出发点(图 1-20)。为此，服装设计师必须认真分析消费者的心理，根据各类人群的需求设计各种服装，使服装产品得到人们的认可、社会的承认，从而不断开拓新的服装消费市场。

（三）艺术性

服装是美学和工艺学的结晶。服装不仅是人们生活的必需品，也是一种艺术品。所谓艺术性是指设计精巧、美观、适用，体现艺术性和适用性的完美结合，能最大限度地满足人们追求美、享受美的需求。因此，服装设计师一定要充分地了解消费者的审美观念和审美情趣，按照下述艺术准则来设计各类服装：款式恰当，与穿着者的具体条件和环境相适应；色彩入时，既适应时代潮流，又符合一定的环境要求；搭配完美，能与具体的人、用途和环境相适应(图 1-21)。

图 1-20　具有各种实用功能的服装设计

图 1-21　通过色彩搭配表现服装的艺术性

（四）时代性

服装是反映社会经济发展水平的重要标志，大多带有时代的烙印和特点。不同的时代产生和盛行不同的服装潮流，形成了不同的服装时尚（图 1-22）。因此，服装设计一定要具备鲜明的时代感，能够与时俱进，充分反映时代的精神风貌，塑造时代的鲜明形象，力求在服装的款式、结构、色彩、面料、工艺、装饰等方面体现出与时代相适应的风格，符合时代的潮流，并具有感人的魅力，适应并推动新形势的变化和发展。

图 1-22　20 世纪 60 年代的服装

（五）超前性

随着社会经济的发展、生活质量的提高和人类文明的进步，人们对服饰的要求越来越高；面对多姿多彩的世界潮流，人们对服装的审美和需求也在发生着瞬息的变化。要适应和跟随这种变化发展的趋势，就要求我们设计的服装不仅要有时代感，而且还要有一定的超前性（图 1-23）。我们不能因为某些新的式样一时不能被人们接受，而停留在原有的设计水平上彷徨不前，或徘徊在旧模式之间停止向前。

图 1-23　瑞克·欧文斯（Rick Owens）设计的长着翅膀的衣服（左）与侯赛因·卡拉扬（Hussein Chalayan）设计的陨石项链（右）

四、服装设计的风格

风格是指艺术作品的创作者对艺术的独特见解以及与之相适应的独特手法所表现出来的作品的面貌特征。服装设计属于造型艺术的范畴，同所有的艺术形式一样，通过色、形、质的组合而表现出一定的艺术韵味，服装风格就是这种韵味的表现形式。好的服装作品就是一件艺术品，有自己的风格倾向和含义。

（一）硬朗风格

硬朗风格的服装线形挺拔、简练，直线居多，弧线极少；面造型和体造型较多，面造型较大；零部件较为夸张，装饰极少；所用材质比较厚实硬挺(图 1-24)。

图 1-24　硬朗风格

（二）柔和风格

柔和风格的服装线造型多，线条密而柔软，以曲线居多，细褶密集；体造型相对较少；装饰多而细致，零部件设计精致细腻；所用材质柔软且悬垂性佳(图 1-25)。

（三）严谨风格

严谨风格的服装以面造型为主，线造型用得较少，线形简练，弧线居多；结构紧身合体，讲究细节处理，服饰配套到位；所用材质精致且富有弹性(图 1-26)。

（四）松散风格

松散风格的服装多用体造型和面造型结合的造型，A 形或 O 形廓形居多，造型自然宽大，线条多而曲折；装饰较为随意，零部件外露；所用材质粗糙疏松(图 1-27)。

（五）简洁风格

简洁风格的服装线形流畅自然，结构合体，整体造型呈直线形；零部件较少且布局新颖别致；强调面造型，基本不用体造型，对比较弱；所用材质适用面广(图 1-28)。

图 1-25　柔和风格

图 1-26　严谨风格

图 1-27　松散风格

图 1-28　简洁风格

（六）繁复风格

繁复风格的服装较多使用体造型、点造型，线形以短、硬居多，分割线复杂，局部造型多变而琐碎；设计元素对立，附件多，装饰复杂；所用材料多为硬性和反光材料（图 1-29）。

图 1-29 繁复风格

第三节 服装设计的原则

无论服装设计的目的是表现人体体态还是修饰人体体态，其宗旨都是形成美观新颖的视觉形象。但是作为实用性的产品设计，只是单纯追求视觉上的唯美是没有生命力的，服装设计必须在美观的同时满足人体在功能性、舒适性等其他方面的需要，只有这样才能够成为真正完美的作品而得到穿着者的认可。

一、机能性原则

服装穿在人体上要随着人体一同做各种活动，如行走、坐卧等。如果服装单纯地追求某种静态美，而忽略了满足人体活动功能的需要，那么这种服装就失去了实用性而可能不被人们普遍接受。例如：为了强调腰臀部位的曲线而使直筒裙的下摆过分收紧，就会阻碍人体的正常行走。20 世纪初期流行的霍布尔裙之所以被称为“蹒跚裙”，就是一个典型的美观性与功能性相矛盾的例子。如果把时间再向前推移，在洛可可时期，女性穿着被鲸骨、铁丝等填充物撑起的硕大裙装不要说难以坐下，就连穿过一道正常宽度的门都会造成困难，而且这样的服装是无法适应现代社会多变的、快节奏的生活的，也难以被现代的人们接受(图 1-30)。

图 1-30　洛可可时期被鲸骨、铁丝等填充物撑起的硕大裙装

二、流行性原则

服装在空间的整体轮廓及内部的构成形态，是服装设计的核心之一。不同时期的造型随着流行的改变而有所改变，一般来说以 20 年为一个大周期，每次重复流行中的外形和细节只是稍有不同而已(图 1-31)。设计师应对流行元素——“型”的解析与运用保持敏锐的观察能力和分析能力，并从中预测或引导出未来的流行走向和趋势。服装流行的元素总是与社会流行的热点资讯息息相关，在各种各样的流行思潮推动下，风格各异的服装也孕育而生。

图 1-31　20 世纪 80 年代的阔腿裤几度循环于流行之中

三、材料性原则

面料是服装设计的物质基础。服装设计的程序和其他艺术一样，当设计方案确定后，就要着手选择相应的材料，并通过一定的工艺技术来加以体现，使设计构思转化成设计产品，即完成设计的物化过程。材料对于服装设计师而言，犹如音乐家的乐谱、画家的画布、作家的纸张，具有最基本的重要性。面料是服装设计的基础，它为服装设计做好了基本的物质准备工作，使服装设计在具有物质条件的基础上得以实现，离开材料谈服装设计无异于纸上谈兵(图 1-32)。

图 1-32　丰富的面料肌理效果

四、制作性原则

服装设计作品的构思过程和制作过程具有互动的作用。人的思维活动想象的图像和依据其制作的三维实物之间往往是有差异的。制作过程常常受到客观条件的限制，而设计构思活动从理论上讲则是无所限制的，因此两者之间存在着差异性，制作活动对构思活动起着一定的制约作用。设计师需要对服装的造型、色彩、材料，分割的大小比例、高低位置，制作处理中的曲直、软硬以及人体机能性等的效果进行周密的思索，并在制作过程中不断对其加以修正、改进、完善，使设计的原创构想进一步完善(图 1-33)。另外，设计构思与制作表现中的差异，在其被解决的过程中也常常成为设计师新的构思“源泉”。很多时候，设计师在制作过程中或从制作经验中获得了灵感，进一步改善和丰富了设计。所以说，制作的过程也是一个再设计的过程。

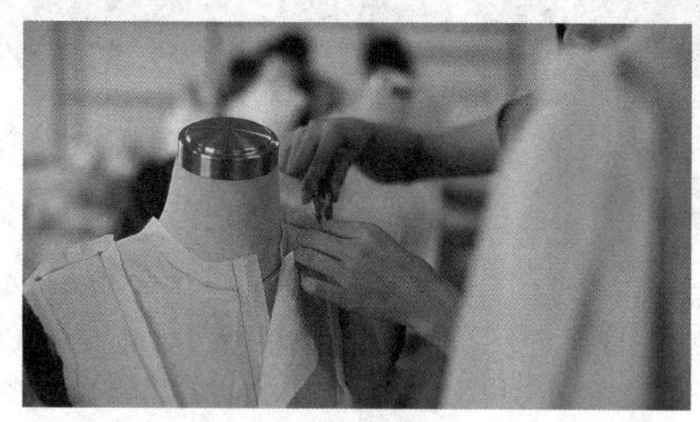

图 1-33 服装制作过程

五、经济性原则

在现代社会中，服装不仅仅是用来御寒避暑的工具，更已成为代表经济水平和文明程度的重要标志。经济是社会生产力发展的必然产物，是国家政权的基本保证，也是服装流行消费的首要客观条件。社会经济环境反映了一种生产关系，直接影响到服装的流行趋势与消费倾向。经济条件的好坏直接制约着消费者的购买能力，因而购买能力不仅是对一个国家经济实力的客观评价，而且还是影响服装流行的一个决定因素。因此，服装流行现象的发生和一个国家国民经济收入的情况之间存在着内在的必然联系。

六、审美性原则

服装设计的审美特质主要表现在服装设计中对形式美的追求上，审美性指的是服装设计作品中所包含的可观赏性因素。在服装设计的审美活动中，设计师和消费者是审美的主体，服装是与审美主体相对的，是审美主体欣赏的客观对象，被称为审美客体。审美主体能从美的对象中直观自身，在精神上获得一定的满足，并唤起自己情感上的愉悦。服装设计和其他艺术一样必须通过展示的途径，借助一定的形式达到其审美目的。设计师不能单纯地去迎合大众的审美口味，应该努力去阐述自己独特的见解和视点，站在更高的层次上，为欣赏者提供高雅、健康而新鲜的美的信息(图 1-34)。设计师必须具有一定的超前意识和创

图 1-34 各元素高度协调下体现的服装审美性

新观念，只有这样才能唤起欣赏者内心深处的潜在审美欲求，从而引发大家对美好事物的向往和追求。

七、舒适性原则

随着社会的发展、观念的转变，现代人在回归自然的呼声中越来越强调自我身心的放松，提倡舒适的、以人为本的生活观念。服装作为生活的必需品，不是要给人带来不必要的束缚和压迫，而是应该帮助人们享受更加完美的舒适和放松。所以，尽管服装设计千变万化，但是给人带来的身体上的轻松和愉悦已经成为当今服装设计的一个重要原则（图 1-35）。"以人为本"这一观念从服装的角度去理解，就是体现在应该尽量让穿着者感

图 1-35　舒适、自然、轻松的着装风格越来越成为时尚的潮流

到舒适，身体不要有被捆绑、被阻碍的感觉。

第四节　服装设计的基础

服装是一门融经济、文化、美学、科学、信息、数学、造型、色彩、材料等因素于一体的综合艺术。合格的服装设计师必须具有丰富的文化基础、艺术底蕴、美学修养和设计才华，创作过程中通过造型和构思，将诸多因素协调于美学的法则之中，使服装设计万变不离其美学之宗。服装若不经过设计，便无法满足人们的审美需求。服装的美包涵了材质美、色彩美、造型美，唯具有文化艺术修养和时尚审美意识的穿着者和观赏者，才能透过服装与设计师产生审美的共鸣。

一、对材料的认识

服装材料是服装的载体和服装设计的灵感源泉。一方面，材料是服装设计的表现工具，服装设计师必须依靠各种材料来实现自己的构想，良好的造型与结构设想只有通过相应的面料材质与色彩才能得到完美的体现。另一方面，当代服装多元化的发展趋势对服装材料提出了新的要求，服装思潮的变化推动着面料的创新。设计师除了准确把握面料性能，使面料性能在服装中充分发挥作用外，还应根据服装流行趋势的变化，独创性地试用新型布料或开拓新面料，创造性地进行面料组合，使服装更具新意(图 1-36)。

二、对色彩的认识

服装色彩是人对服装感观的第一印象，它有极强的视觉吸引力，因此色彩在服装设计中的地位是至关重要的。人们对服装的印象首先是颜色，其次是造型，最后才是材料和工艺问题。服装色彩是一个很复杂的问题。客观地讲，任何一种颜色都无绝对的美和不美，

图 1-36　通过后加工处理所呈现的丰富的面料表面肌理

只有当它和另外的色彩搭配时产生的效果才能被评价成美或丑。在设计中，色彩搭配组合的形式直接关系到服装整体风格的塑造。一般情况下，可以理解为赏心悦目的、给人以快感的并与周围环境协调的色彩就是完美的色彩。当然，完美的色彩还要具有强烈的艺术魅力和明确的思想性，并能充分表现出生活的机能（图 1-37）。

三、对样板的认识

服装样板设计中首先要考虑的就是款式的美感。样板设计应注重服装的各个点、线、面之间的关系，能巧妙地将这些关系与人体结构相结合，并且要尽量避免造型设计与样板设计相分离的现象。一些服装款式虽视觉效果堪称优美，但却在结构上存在严重的不合理因素；或是只考虑结构方式的可行性而忽略了造型的表现，在设计上局部分割凌乱，大小比例失调。服装也因此丧失整体美感。所以，成熟的服装设计应建立在对样板充分认识的基础上，也只有这样，好的创意才能得到完整的表达和体现。

图 1-37　多种色彩搭配能给人带来强烈的视觉冲击力

四、对工艺的认识

造型要素虽然是服装设计的基础要素之一，但工艺要素也会对服装产生一定的影响。服装的造型设计不仅要符合唯美、时尚、个性化的要求，而且还必须考虑工艺缝制上的可操作性和工业化、经济化的要求。近年来，装饰工艺以其浓郁的民族特色、独特的装饰效果、丰富的表现手法为越来越多的人所喜爱，刺绣、装饰缝、蕾丝、毛皮、镶边等各种装饰工艺手法在服装设计中的运用，更是给人们的服装锦上添花，使服装设计的手法和内容得到了极大的丰富(图 1-38)。

图 1-38　刺绣的处理成为造型的精华

五、对人体的认识

无论服装怎样创新改变，设计的构思和设计都必须以人体为核心和载体进行。服装设计的各种形式，都不能脱离人体本身。例如上衣设计中被重点强调的脖子和腰节，这两部分是人体最重要的部位，也是人体扭动的关节点、衣服的支节点，所以无论是高领、低领还是束腰、松腰，其形态都是以这些部位为基本型，彼此组合而成的，其目的就是加强人体的动向效果和穿着舒适性。从着装的目的性中我们也可以发现，人们穿着服装就是为了表现人体体态的优美，掩饰人体体态的不足，追求通过服装来达到改变人体的自然体态和装饰美化的实际效果(图 1-39)。

图 1-39　通过服装来达到改变人体的自然体态已然成为当代女性择衣的标准之一

六、对功能的认识

追溯服装的起源，人类的祖先为了在自然界中避免遭受其他物体的伤害，想方设法包裹自己的身体部位，以求更好地生存下去，这就是今天衣物的雏形，驱寒遮羞都是服装功能性的最初表现。服装具有在不同环境中满足人体生理需要和活动要求的实用功能，它源于人类的生存需要，通过穿着衣物，使生活和行动更加便捷舒适。所以服装一方面具有满足人类生理卫生方面的实用性；另一方面，服装还适应、促进了人类生活行动方面的需求。职业服、运动服、休闲服等都具有较强的实用功能性(图 1-40)。

本章小结

服装设计艺术特色的实现既有内外造型的相辅相成，又有色彩、面料、制作结构工艺等的综合展示。各种要素相互调和与统一，最终构成了服装造型视觉上的新境界。因此在进行服装设计时，我们不但要了解服装设计的概念、特征、构成，更要把握好其设计的原则与

图 1-40　功能服在满足功能性的需求下也注重与时尚的结合

基础，充分了解人体、面料、结构工艺、色彩流行等方面的前沿知识，并将其综合运用于服装设计当中，使服装设计的艺术风格体现在服装作品的诸要素中，既表现为设计主题选择的独特性，又表现为色彩表现手法运用的独到性，还有面料选择运用的独创性，以及塑造形象的方式和对艺术语言驾驭能力的创新性。服装设计须充分表现设计者的创作理念，又符合流行潮流，充分表现出服装的形式美和内容美，并成为服装设计科技性、舒适性、时尚性表达的重要载体。

【思考与练习】

1. 简述服装特征与服装造型之间的关系。
2. 服装设计的基础与原则包含哪些?
3. 试从“以人为本”的角度分析服装设计的要点。
4. 分析服装造型设计对服装整体风格的表达起到何种作用。
5. 寻找一款廓形变化较为丰富的服装，分析其廓形是如何通过工艺、色彩、面料等要素得以实现的。

第二章　服装的美学原理

在服装设计的创作过程中，设计师通过服装这种特有的语言寄托自己的情感，阐述自己的思想。服装设计是以人体为中心，以衣料为素材，以环境为背景，通过技术和艺术手法，将设计者对美的追求转化为成衣实物的一种创造性活动。服装如何设计决定着服装的风格、品位，制约着穿着者的艺术形象。一件完美的服装是服装的功能性与装饰性的有机结合，是服装的总体廓形与局部结构、款式与色彩、面料所组成的统一的理想的整体。

第一节　服装美的构成

服装美的表现形式除了包括流行美、廓形美、材质美、色彩美、技术美等外，还包括促成服装美的因素如配饰美、姿势美和化妆美等。人的思想意识和心灵是构成一个人内在美的重要内容，同时，内在美还有一个不可缺少的因素，那就是气质，它是由一个人的言谈、举止、胸襟和气度等综合构成的。从服装对人体的依附性这点出发，服装中所体现的美感被分为四大类：服装的美，人体的美，着装的美，内容的美。

一、服装的美

作为物品的服装一般都具有自身独立的美感。例如戏曲中旦角的水袖，为了展现水袖美感的艺术魅力，服装师和演员在各自的表现范围内各显神通，施尽功夫（图 2-1），这样的例子在我们的生活中举不胜举。服装的美，是各个构成要素在以整体为条件的前提下，在服装上凝缩一体的表现。

图 2-1　戏曲中旦角的水袖飘逸妩媚

（一）流行美

服装与流行之间存在着千丝万缕的关联。服装在流行期里因为得到众人推崇而变得越发美丽，但是流行期过后即开始呈现平淡无味的倾向。事实上流行的东西并非全都是完美的，沉醉于流行周期中的人们更多地具有一种盲从性，欠缺清醒理智的思索。人们对流行的东西往往赋予极大的关注，其结果必然导致对其造型产生出好感，最终将其纳入自己的服装风格。例如在美伊战争打响的 2003 年，各位设计师在 T 型台上纷纷推出了相关战争色彩和硬朗廓形的各类创作，使得全球再度掀起了军旅风格的穿衣风潮（图 2-2）。

图 2-2　军旅风格的穿衣风潮

（二）廓形美

服装廓形是款式设计的基础，它进入人们视觉的强度和速度仅次于服装的色彩，最能体现流行趋势，以及穿着者的个性、爱好和品位。它是服装设计的基础和根本，也最能体现服装的美感。服装的廓形是根据人们的审美理想，通过服装材料与人体的结合，以及一定的造型设计和工艺操作而形成的一种外轮廓体积状态（图 2-3）。

（三）材质美

服装的材质既是服饰美的物质外壳，又兼备美的信息传达和美的源泉的作用。材质通过对形体的支撑与表现来影响服装整体形象的塑造。在创作中，材质通常是设计师首先思考的审美元素，一件成功的设计往往都最大限度地充分发挥了材质的最佳性能，创造出了符合流行趋势的材质外观和不同的搭配方式，如多种材质的混搭极大地丰富了作品的细节

图 2-3　强调廓形美感已成为当今设计师创作的主要手法

而又保持在统一的整体之中(图 2-4)。服装设计要取得良好的效果,必须充分发挥服装材质的性能和特色,使材质特点与服装造型及风格完美结合、相得益彰。

图 2-4　多种材质的混搭

(四) 色彩美

服装色彩是服装设计的一个重要方面,在服装美感因素中占有很大的比重。设计师可以采用一组纯度较高的对比色组合来表达热情奔放的热带风情(图 2-5);也可以通过一组

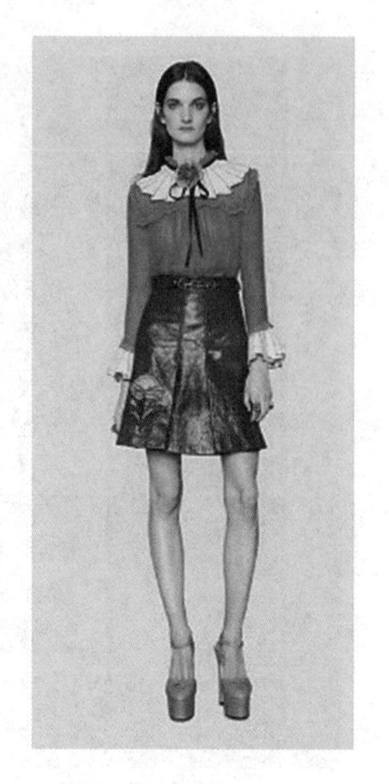

图 2-5　大面积的强对比色彩呈现出服装明快愉悦的风格基调

纯度较低的同类色组合，体现服装典雅质朴的格调。色彩是在服装中被强调的主要元素，不同的色彩及相互间的搭配能够使人产生不同的视觉和心理感受，从而引起不同的情绪和联想。色彩可以体现出季节感、轻重感、明暗感、收缩感、膨胀感，能对人类的情感产生极大的影响。服装中的色彩极少单独使用，大多以配色的形式出现，故而设计师对配色的方案显得极为关注。

（五）技术美

服装是艺术与技术的完美结合，在服装设计过程中，制作的工艺技术由始至终起着举足轻重的作用。随着各阶段技术的发展，廓形的塑造往往透过技术融于材质来体现，由此塑造出的美感也就呈现出千姿百态、变化无穷的绚烂局面（图 2-6）。

图 2-6　呈怒放性花卉造型的上衣

二、人体的美

人体自古以来就被绘画、雕塑作品奉为创作的主题，一代又一代艺术家为追求它的美感而奋斗不息。历代作品中我们发现不仅丰满的女性体型很美(图 2-7)，而且像百济观音似的高挑纤细的形象(图 2-8)也散发出无尽的光芒。其实，人体全身的比例最为重要，其次，脸部、手指、头发等部位和肌肤、举止、姿态等也是形成美感的因素和条件。

图 2-7　丰满的女性形象

图 2-8　纤细的女性形象

（一）体型美

从某种意义上讲，服装设计是以纺织物为材料在人体上所做的包装，故而人们又称服装为人体的“第二皮肤”。服装必须是为人体服务的，任何一件服装都是为了人这个主体而设计制作的。男性肌肉发达，魁梧刚健，显示出粗犷、豪放的阳刚之美（图 2-9）；而女性肌肉柔软，富有曲线，显示出秀丽、温韵的阴柔之美（图 2-10）。但是任何优美的体型都可能会有

图 2-9　粗犷、豪放的男性阳刚之美

图 2-10　秀丽、温韵的女性阴柔之美

美中不足之处，这就需要穿着者通过服装来进行修饰或掩盖，使体型扬长避短，从而创造出理想的或接近理想的人体形态。

（二）身体部位美

人体中最强烈的、可以充分体现其个性和区分美丑的，应该说就是人的脸部了。脸部除了中心部位的五官之外，其他部位的细节也一同塑造着整体形象。传说中具有倾国倾城姿色的埃及艳后，如果鼻梁低了 3 毫米的话，那么人类的历史也势必会随之发生变化（图 2-11）。

图 2-11　传说中具有倾国倾城姿色的埃及艳后

（三）肌肤美

从古至今，肌肤美都被作为评判美女标准的首要条件之一。中国有句俗语：一白遮三丑（图 2-12）。就是说一个人脸部即使有再多的缺陷，白皙的肤色也可以帮助隐藏所有的瑕疵。但是，随着近年来健身运动的逐步推广，健康的小麦肤色成了众人模仿追崇的标准（图 2-13）。因此，在运动装与休闲装逐年盛行的风潮中，白皙的肤色便不再具有压倒一切的绝对优势，健康、青春、自然、阳光的肌肤都可以成为美丽的代言。另外，肌肤美的衡量标准除了皮肤的颜色之外，还包括皮肤的质感，细腻柔嫩、有弹性、有光泽等都是肌肤美的因素。

图 2-12　传统的白皙肤色

图 2-13　健康的小麦肤色

（四）姿势美

服装设计是以人体为基础、围绕人的形体进行的一种创造性的活动，它与人体之间存在着密不可分的关系。具有生命力的人体必然每时每刻伴随着各种各样的动作，包括从动态至静态变化时的姿势美。古往今来，多少画家和雕塑家为追求这种优美的姿势而毕生坚持不懈地进行着创作(图 2-14、图 2-15)。

图 2-14　德加《舞台上的舞女》

图 2-15　布歇《蓬帕杜尔夫人》

（五）动作美

生活中，有些人虽然拥有像羚羊般美丽的腿脚，但却行走缓慢、摇摇晃晃，缺乏健康、优美和舒展的动作表现。显然这样的人与美丽也是相背离的。有些人的连续动作流畅顺滑，让人深深陶醉于其展现出的优美(图 2-16)。近年来将舞蹈的元素应用到服装秀的形式也

图 2-16　印度瑜伽的优美动作

日益增多，通过强劲的节奏和欢快的动作，观者更能体会到依附于动态美之下的服装魅力(图 2-17)。

图 2-17　某国际知名牛仔品牌新品发布会上的动态展示

三、着装的美

所谓着装美，是指服装与人体合二为一，并在其之上所展现出的超越各自的美，即所谓的第三美感。其实衣服也好，人体也好，不仅仅是各自独立的美，更是以人体为中心，根据着装，综合考虑穿法、配饰、化妆等各个因素，以便做出正确的着装选择。

(一) 搭配美

随着观念的转变，现代人的着装更加讲究服装与饰品的整体配套美感。有时单单看一件服装是不能完整评价其美感的。一件不起眼的服装单品，经过精心搭配很有可能会产生意想不到的精彩效果；而一件漂亮的单品如果搭配不协调，也会怎么看都不顺眼。所以服装经过搭配以后的美才是服装最后取胜的关键。改变搭配方法，衡量与其他元素的关系，这样的着装才被认为是极具个人品位的体现(图 2-18)。

(二) 配饰美

单件的配饰品作为独立体时，其拥有的仅仅是美学价值，而只有与服装搭配成为附属品之后，才开始产生出它的存在价值——对服装的整体效果产生影响，突显着装者的个性(图 2-19)。作为体现时代倾向的服装物件，配饰品除了本身具备的重要功能性外，还应与服装的风格相协调，使饰物在配套中起到烘托、陪衬服装主体，甚至画龙点睛的作用。

(三) 化妆美

整体、完美的人物形象是由服装与妆容、发型等共同营造的结果。化妆包含面部化妆和发质护理两部分。一般来说，妆容和发型应该配合服装，共同构成服装的整体着装

图 2-18　数件风格统一的单品配上忧郁的气质完美演绎出着装者的个人品位

图 2-19　乡村感的配饰品更好地烘托了作品的田园风味

效果，并在造型、色彩及风格表现三个方面充分配合，相辅相成，以达到和谐的整体效果（图 2-20）。

图 2-20　妆容、发型、服装和谐的整体着装

四、内容的美

对精神价值的认可应该是人类的最高境界了。提升精神境界，并为其付出不懈的努力，同样也是服装所蕴含的最深层次的魅力。

（一）知性美

“知性”一词在当代已经成为流行语。所谓知性的女性，是指不断提升自我，努力达成目标的女性，这是女性的理想形象，生活中具有知性的女性也被称为知性美人（图 2-21）。这一现象是由人类最基本的上进心而引发形成的。

图 2-21　知性美

（二）教养美

所谓教养，是通过获取各方面文化的广博知识，努力塑造一颗仁慈宽厚的心，由此而积淀的就是教养美了。教养美不是紧闭于自我狭小世界，而是不断琢磨自己，努力提高，从内心渗透出来的由内而外的美；是可以通过自己的坚强意志和不断努力，谁都可以表现出来的美(图 2-22)。

图 2-22　教养美

第二节　服装的造型要素

服装中的各个部分都可被看作点、线、面、体等造型要素。在服装设计中，各个造型要素又是按照一定的形式美法则组合而成的，只有这样，我们才能创造出更加丰富多彩的服装造型。无论服装的平面设计还是立体裁剪，都离不开造型的基本要素——点、线、面、体的综合运用，这不仅可以设计出优雅的面料和图案，同样可以运用它来设计时尚的款式。

服装造型要素由以下内容构成：

一、点

1. 含义

服装设计中的点，不是几何学概念中的点，而是人们视觉感受中相对小的形态，只要与周围相比显得细小的形态，我们就可以感知为“点”。服装设计中的点不仅具有位置和大小，还具有面积和形态，可以是立体的形态，甚至是多角、多边、球形等等。

点是相对的，是通过比较而存在的，是与服装的整个面积相比较后才产生出的一种小的感觉。因此在服装设计中，设计师经常运用点来突出服装的某个部位，加强这一部位产生的美感，以此达到强调设计的目的。另外，服装设计中通过点的形态、位置、数量、排列等因素的变化，还可以让人产生不同的视觉感受。

2. 形式

点在服装上的应用主要分为三大类：辅料类、配饰类、工艺类。

(1) 辅料类

纽扣、拉链、挂件、环扣、珠片、小型的标牌、线迹、绳头、腰带扣、蝴蝶结、胸花、领结等都属于辅料类中点的应用。这种以点的形式出现的辅料产品不仅具有特定的功能特性，而且还具有很强的装饰特性。如纽扣的应用就是最典型的例子(图 2-23)，纽扣是许多服装上不可缺少的辅料之一，它使服装起到固定和闭合的作用，纽扣在使用中还具有大小、面积、厚度、形状、色彩、质地等性质上的区分，但总体来说，作为辅料的点的特征只有在相应的对比反差中，才会得到一种相对的显现。

(2) 配饰类

配饰品有耳环、戒指、胸饰(图 2-24)、丝巾扣、提包、鞋等。相对于服装的整体效果而言，服装上这些较小的饰品都可以理解成点的要素。饰品的位置、色彩、材质不同，对点的装饰效果也不同。服装上的配饰品分为实用性和装饰性两类：丝巾扣、提包、鞋、手表等属于实用类，耳环、戒指、胸饰等属于装饰类。配饰品多使用在服装的前胸、肩部、腰部、袋边、袖口等部位。

(3) 工艺类

工艺类主要是通过刺绣、印染、镶嵌、图案、花纹等不同工艺处理手段达到不同的设计目的。在服装设计中，某一部位的单独图案就具备点的功效，可以对服装上的图案通过各种工艺手法加以表现，从而传递出服装的不同风格追求。通过工艺手法表现出的点的要素，往往会成为服装设计中鲜明的创作特色。

图 2-23　纽扣作为“点”在服装设计中的应用

图 2-24　胸饰作为“点”在服装设计中的应用

二、线

1. 含义

“线”在服装设计中的运用是点的运动轨迹，在空间中起贯穿作用。线的方向性、运动性及特有的变化，使线条具有丰富的形态和表现力，既能表现静感，又能表现动感，因此，线在服装设计中担任着重要的角色。在以点、线、面为构成核心的造型艺术中，线有着承上启下的重要功能。

2. 形式

线是服装设计中不可缺少的造型要素之一。线在服装上主要通过造型线、工艺手法、服饰品和辅料进行表现。

(1) 造型线

服装中的造型线指服装的轮廓线、基准线、结构线、装饰线和分割线等(图 2-25)。服装的廓形由肩线、腰线、臀线、下摆线等结构线组合而成,属于典型的线构成形式,最先提出廓形的法国设计大师迪奥推行的 A 形线、X 形线等都是代表性的廓形表现。服装上除了这些结构线以外,还有从形式美角度出发运用的装饰线。风靡全球的牛仔装,其突出的造型风格即是明缉线的运用。除衣片缝合处的缉线完全显露外,在衣袋、裤袋上再缉以装饰性的线条花纹,且缉线的色彩也极为醒目,从而使服装达到粗犷、洒脱的风貌。所以,成功地把握和运用好服装中各种形式的线,对完美体现服装的设计风格有极大的帮助。

图 2-25　装饰线作为“线”在服装设计中的应用

(2) 工艺手法

运用嵌线、镶拼、手绘、绣花、镶边等工艺手法,以线的形式出现在服装上的构成元素,往往有其独特的工艺特点,成为服装的设计特色(图 2-26)。从服装本身的价值而言,装饰工艺的使用还可以全面提高服装的附加值,因此运用装饰工艺形成线的感觉,是服装设计中常见的手法之一。中国的民族服装——旗袍,常采用镶边、嵌线等工艺手法,在衣襟、领口、袖口、下摆部位加以装饰,使旗袍更为端庄典雅、魅力四射。西式的晚宴服则经常用亮片、珠串、宝石等缝缀出线的形状,一端将其固定,另一端则随着人体的行走而自由摆动,与服装形成动静对比,产生自由活泼的韵律美感。

图 2-26　嵌线作为“线”在服装设计中的应用

(3) 服饰品

服饰品主要以项链、手链、臂饰、挂饰、腰带(图 2-27)、围巾、包袋的带子等在服装上体现线的感觉。这些饰品通过不同的形态、色彩和材质,使观者体验不同的视觉效果,从而达到丰富整体造型、增加设计细节的实际功效。

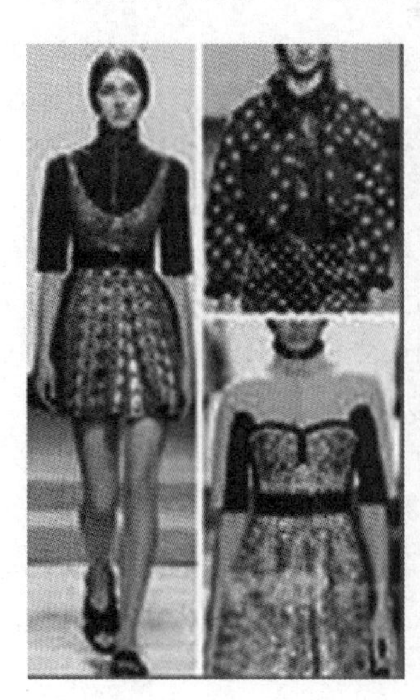

图 2-27　腰带作为“线”在服装设计中的应用

(4) 辅料

服装上产生线性感觉的辅料主要有拉链(图 2-28)、子母扣、绳带等,它们不仅具有服装闭合的实用功能,而且还具有各种不同的装饰功能。在运动装、休闲装和前卫风格的服装中，这类线感辅料使用得比较广泛，例如拉链就是服装中使用频率最高的线感辅料。在现代服装产品中，拉链的品种繁多，色彩、材质、形状等都较以前有了明显的突破，拉链头的造型也是分别适应不同的服装风格而进行设计，越来越强调和突出了装饰功能。拉链的使用也早已不仅仅是在服装闭合处的门襟部位，更是延伸到了侧缝、领围线、袋口、帽子、袖子、脚口、膝盖等处。

图 2-28　拉链作为“线”在服装设计中的应用

三、面

1. 含义

线不沿原有的方向移动就会形成面，面是比点给人的感觉大、比线给人的感觉宽的一种形态。服装设计中的线不仅有长度和宽度，还有一定的厚度，这是因为面料本身具有一定的厚度。对面加以不同的应用，可以在服装造型上出现或平面或立体的不同视觉效果。

面是服装的主体，是最强烈和最具量感的一个元素。面的切割、组合以及面与面的重叠和旋转，都会形成各种新的面。因此，面在服装上的形态具有多样性和可变性。面在服装款式造型中起着衬托点、线形态的作用。服装设计中面的主要作用就是塑造形体，运用线与面的变化来分割空间，使服装产生适应人体各种部位形状的衣片，并力求达到最佳比例，从而塑造出千姿百态的服装造型。

2. 形式

由于所用服装材料的质感、性能等性质不同，各类织物的悬垂性和成形状态也各有差异，因此在设计中，要根据服装的整体风格和设计意图，选择适当的材料来表现服装的面造型。服装上的面主要表现在以下几部分：

(1) 大部分服装的裁片

服装是由不同的裁片组合而成的，除了一些极少的点、线形式的裁片以外，大部分服装裁片都是一个面，服装即是由这些面围拢人体而成(图 2-29)。服装的裁片经过缝合出现在同一个面上，这样的服装显得非常规整大方，如一般职业套装的裁片大都非常平整地拼合在一起；也有些服装的裁片会层叠出现在不同的面上，再经过不同面积、形状、材质或者色彩的搭配，使服装产生丰富的视觉效果。

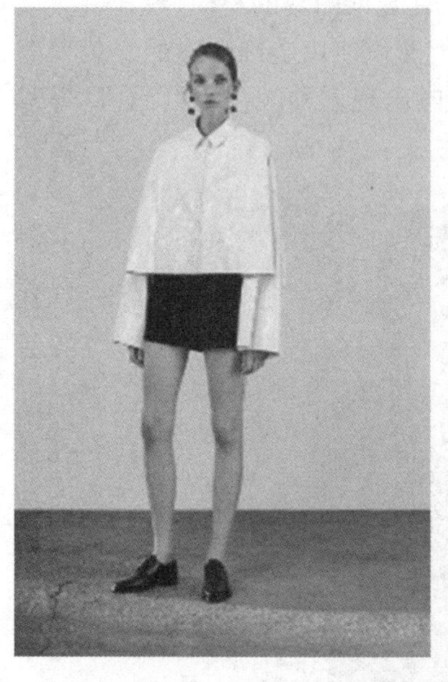

图 2-29　衣片作为"面"在服装设计中的应用

(2) 服装的零部件

现代服装设计常将衣服的零部件视为几个大的几何面(图 2-30)，这些面按比例有变化地组合起来，便构成了服装的大轮廓。在男装设计中，为了更好地体现男性庄重、平稳的气

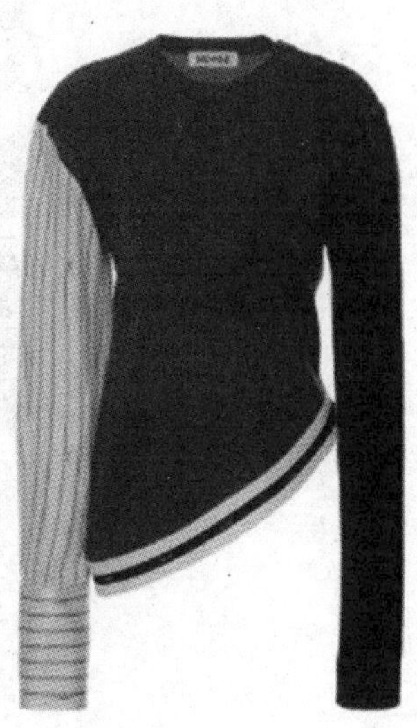

图 2-30　袖片作为"面"在服装设计中的应用

质，各种局部面造型多以直线与方形面来组合构成；而在女装中则多采用圆形设计，如古典式泡泡袖、现代式的插肩袖、大圆领、圆角衣袋和衣摆等。

(3) 大面积装饰图案

服装上经常会使用一些大面积的装饰图案(图 2-31)，而且图案往往会形成一件服装的特色，成为观赏的视觉中心。例如春夏季各式的长短 T 恤，其装饰图案的材质、纹样、色彩、工艺手法非常丰富，可以在很大程度上弥补面的单调感。大面积使用装饰图案的服装大都造型精干，结构简洁，以单色面料居多，整件服装上很少同时出现多种颜色，否则会显得整体上太过花哨而重点不够突出。

图 2-31　图案作为“面”在服装设计中的应用

(4) 服饰品

服装上可以产生较强面感的服饰品主要有非长条形的围巾、装饰性的扁平的包袋(图 2-32)、宽大的披肩等。秋冬常披在肩上的方巾、三角巾等的面感则较为明显，除了一定的保暖功能外，点缀和呼应服装的风格也是其功能之一。在具体的设计过程中，应根据服装风格的不同，创造性地在服装上使用不同面积的服饰品，起到增强设计细节、呼应整体风格的功效。

图 2-32　拎包作为"面"在服装设计中的应用

(5) 工艺手法

在服装上采用工艺手法形成面的感觉，是当今许多服装设计经常使用的艺术手段，本质上它兼有图案的某些特点(图 2-33)。一种是通过对面料的部分再造，如日本设计大师三宅一生的许多作品经常运用这种手法，经过不同工艺在面料上缝制成线形，再由点、线的纵横单向排列或交叉排列形成面；第二种是在面料上缝上珠片、绳带等装饰辅料，经过不同的排列组合形成面，或完整固定，或一端固定，达到突出、点缀的艺术效果，这种手法在许多创意服装、表演服装或晚礼服中经常使用。

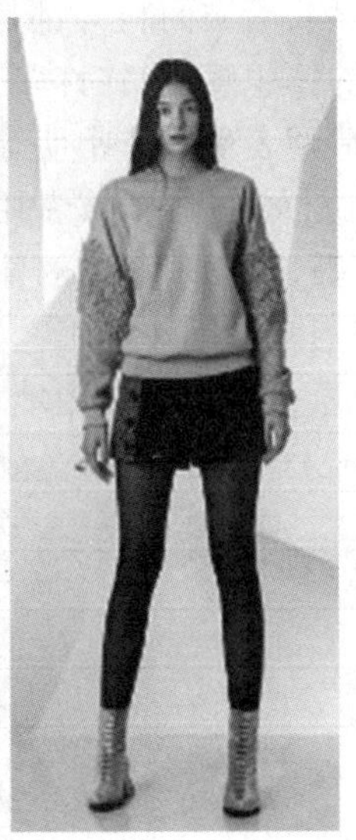

图 2-33 面料经过装饰处理后作为“面”在服装设计中的应用

四、体

1. 含义

体是面的移动轨迹和面的重叠，是具有一定广度和深度的三维空间，点、线、面是构成体的基本要素。服装是依附于人体的造型设计，人体有正面、背面、侧面等不同的体面，还有因动作而产生的变化丰富的各种体态。服装设计中应注意到不同角度的体面形态特征，使服装能够合身适体，并使服装各部分体面之间的比例和谐，因此，服装设计中始终贯穿着体的概念。

2. 形式

服装中的体造型主要通过衣身、零部件和服饰品来表现。

(1) 衣身

服装的整体部位如蓬松的大身、裙体、褶皱面料等都是体的表现(图 2-34)。对于一般的实用服装来说可能不会有太过强烈的体积感，但在许多表演服装设计，创意服装设计，华丽、繁复风格或晚礼服、婚纱的设计中造型表现却非常明显。如多层裁片叠合缝制的服装，褶皱面料反复堆积的服装，使用裙撑的庞大的裙体，或者用绳带、抽褶等反复系扎而成的服装部位，如多层灯笼裙的裙身、灯笼裤等。此外，冬装的体积感也相对强烈，如肥大蓬松的羽绒服、裘皮大衣等。体感较强的衣身通常在制作上工艺复杂、程序繁多，比如缝制之前首先要加多层衬料对衣片进行定型，在双层材料中间使用填料使之膨起或者先要用硬纱或金属丝、竹片等制作撑垫物。体造型的衣身通常都是用立裁的方式完成，平面的裁剪方式往往难以塑造理想的立体型。

图 2-34　裙身作为"体"在服装设计中的应用

(2) 零部件

突出于服装整体部位的较大零部件大都具有较强的体积感(图 2-35)。这类零部件在前卫风格、松散风格、繁复风格和硬朗风格的服装中经常出现。如"嬉皮"服装上造型奇特、硕大无比的坦克袋,休闲服装上的大装饰袋,宫廷式服装上使用的灯笼袖、束肘袖,演出服上造型夸张、蓬松凸起的大领子等。

图 2-35　袖身作为“体”在服装设计中的应用

(3) 服饰品

服装上体积较大的三维效果的服饰品如包袋、帽子、手套、配饰等都是体造型(图2-36)。包袋、帽子是体感最为明显而且也是服装整体搭配中使用最多的服饰品。

图 2-36　帽子作为“体”在服装设计中的应用

第三节　服装的形式美法则

服装设计是一门视觉艺术的创造，服装设计中的造型美与美学中的形式美关系极为密切，两者的法则是一致的。美学中的形式美是指生活、自然界中各种因素（色彩、线条、形态、声音等）的有规律的组合。服装是按照一定的艺术规律来进行服装组织构成的。在服装设计过程中，演变与固化、节奏与韵律、比例与重心、整体与局部、简约与繁复、对比与统一、对称与均衡、单一与反复等形式法则被广泛使用。服装美不是纯潜意识的创造，而是按照美的规律和形式创造出来的，掌握服装的基本造型要素和原则是创造服装美的设计经脉。归纳形式美的法则，大致可以从以下几个方面来认识与研究：

一、演变与固化

1. 含义

在服装设计中，演变是指将设计元素的原来状态进行性质或形态改变以后，再进行量态调整，具有多变、奇特的效果（图 2-37）。而固化是指利用设计元素的原来状态，不做性质和形态的变化，仅做量态的调整，具有稳定、直观的效果（图 2-38）。演变与固化是同一事物矛盾的两个方面，两者之间是相互对立而又相互依存的整体关系。

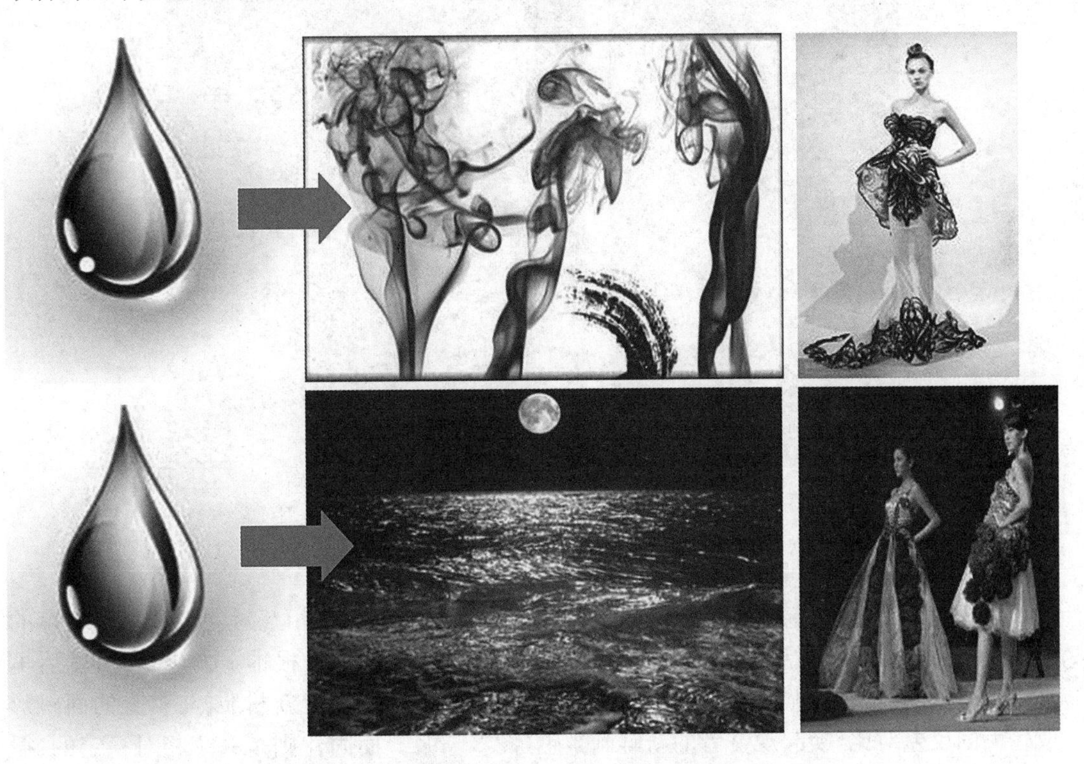

图 2-37　演变设计造型：由水滴产生的演变设计

图 2-38　固化设计造型

2. 形式

演变与固化是形式美的两种不同表现形式，两者之间存在着相互对立而又相互依存的整体关系。演变通过对设计元素质的转换，使服装的视觉效果从根本上发生变化，然后再进行一些量的调整排列与组合。例如将服装的某一零部件采用全新材质，与整身的面料形成较大的反差对比，唤起观赏者的新鲜刺激感(图 2-39)。而固化则是一个相对稳定的、循序渐进的变化形式，造型的设计通过对不同形态的一致性构思，来塑造作品的整体性和一致性，异中求同，达到服装的整体美。

图 2-39　通过袖体材质变化进行的演变造型设计

二、节奏与韵律

1. 含义

节奏通常指音乐中交替出现的有规律的强弱、长短的现象。而韵律是指诗歌中的声韵和节律。在服装设计中，我们把在视觉上形成有规律的起伏和有秩序的动感，展现出律动效果的表现，称为形式美规律中的节奏(图 2-40)。它通常表现为造型、色彩等在一定的时

图 2-40　由色彩带来的造型上的节奏感

间和空间内间隔周期性地循环。“韵律”是相对“节奏”而言的另一种形式法则。韵律体现出一种十分柔美、缓慢的节奏，它展现在形与形、线与线、色与色之间的和谐关系中，是指两个以上形、线、色的相互关系以及整体效果(图 2-41)。

作为造型艺术的服装设计，是借用节奏和韵律来表现服装设计中的诸多因素，经过精心设计而形成的一种秩序性，再按照一定的规则递增或递减，并伴随一定阶段性的变化，创造富有律动感的形象。

图 2-41　由线条带来的造型上的韵律感

2. 形式

在服装设计中，节奏与韵律的表现形式是有多种类型的。首先，表现在渐变的效果上。无论是造型、色彩，还是表现手法与组织排列，均应在表现中突出渐变而绝非突变，强调秩序而否定杂乱与过分悬殊。其次，表现在形态的组合上。节奏有强弱、轻重、缓急的表现形式，运用到造型艺术中，它体现为形态组合方式的反复、对称、渐变、律动和自由的配置。节奏与韵律都是指运动过程中有秩序的一种连续，故而把运动中的强弱变化有规律地组合起来，并加以反复就形成了节奏。例如女式折裥裙、波浪裙，衣缝的线条处理和缉细裥工艺装饰，以及抛袖、绲边花边、镶饰刺绣等，都可以演变出种种节奏感，形成各种美妙的韵律(图 2-42)。在服装设计中，为了达到有虚有实、有疏有密、有冲突、有回旋的艺术感染力，常常运用点、线、面的结合，直线与曲线的反复，面料、色彩规律性的变化等，创造出音乐般的节奏感和韵律感。例如服装上纽扣的排列可以产生节奏和律动感；面料上的格子、条纹等也可以通过不同形式的反复形成柔和的韵律；裙摆、袖口、领巾等的叠绉，随着人体的运动而形成的自然

图 2-42　通过线条处理演变出节奏感和韵律感

优美的韵律(图 2-43);礼服设计中常常采用的多层波浪花边,层层递减的造型也会产生和谐的节奏。

三、比例与重心

1. 含义

在设计中,比例是指一件造型物品的各部分大小分量、长短尺寸与整体的比较关系。从服装设计学的角度来说,比例是指服装各部分尺寸之间的对比关系。重心是指造型整体中的中心部分,是设计师刻意强调和突出的细节亮点,在整个设计中起着关键性的支架作用(图 2-44、图 2-45)。

图 2-43　运动中的衣纹所产生的韵律感

图 2-44　重心在上部的造型设计

图 2-45　重心居中的造型设计

服装比例设计的不同效果不仅对人们的视觉有着很大的影响，而且对服装的审美心理也有着相当重要的作用。主要的重心部分具有统领性，制约次要部分的作用，而次要部分对主要部分起烘托和陪衬作用。强调主要的，削弱次要的，造型中多用此种方法来突出主次，营造服装的视觉中心。

2. 形式

比例是事物整体与局部、局部与局部之间重要的关系，在服装设计中比例是决定服装款式变化创新，以及服装与人体关系的重要因素。首先，衣身长度与宽度的比例就决定了该款式的基本造型，或为宽松离体型，或为瘦长贴体型，或为常见常用的合体型。其次，衣身长度与衣袖长度的比例也是决定衣型的关键。另外，服装的肩、胸围、腰围、臀围和裙摆等与人体的紧贴或宽松程度，衣长与裙长的比例，袖长与衣长的比例，各个零部件在长度、宽度、大小、面积、色彩、面料图案等方面的比例，都可变化组合成丰富多彩、风格各异的服装造型（图 2-46）。因此，成功的服装设计中总是蕴含着美的比例与合理的尺度。同时，主次重心的安排也充分地体现于各比例的布局之中，布局的形式是丰富多样的，但目的只有一个——突出重心、服从整体(图 2-47)。

图 2-46　有悖常规的上下比例造型

图 2-47　服从整体下的重心突出

四、整体与局部

1. 含义

在服装设计中，尤其是形式美法则的表现上，整体被视为一种思考问题的方法，被视为总体的目标、首要的效果(图 2-48)。而局部是整体的组成部分，整体通过局部进行表达，局部又从属于整体(图 2-49)。任何局部只有改变它的孤立存在而归属于一个完整整体时，这个整体的各个局部才会体现出它应有的价值。

图 2-48　呈现强烈整体性的服装造型

2. 形式

在我们的设计工作中，就是要将整体形式中各个局部之间的比例、次序和对比的关系表现出来，从而达到和谐整体的美。整体感的优劣是来自对各个局部乃至每一细节的“投入”与“推敲”并使之从属于整体(图 2-50)。在牢牢掌控整体感的同时，又必须在作品的每一局部细节处花大力气，这样，整体效果才会更完整理想(图 2-51)。设计过程中，对每个局部均要求在特定的范围内利用其形的大小正负、位置的上下高低、色彩的鲜灰冷暖，使之综合为一个完美的整体。整体与局部就是这样的主次从属关系，两者密不可分、缺一不可，同时两者又必须分清主次从属，这是艺术设计工作的关键及核心。

图 2-49　突出局部点缀的服装造型

图 2-50　强调统一性的整体造型

图 2-51　强调细节性的局部造型

五、简约与繁复

1. 含义

在服装设计中，简约不是简单的“少”，更不是粗制滥造的马虎删略，而是一种概括提炼，是艺术的再创造，简约的过程在于减去非本质的东西，取其最典型、最具特质的部分来表现(图 2-52)。繁复是相对简约而言，它显示出雍容华贵，略带一些夸大，略显一点张扬(图 2-53)。

简约与繁复在艺术设计中都有着极其重要的作用。简约通过对物体形状的概括，达到表现其特征、浓缩其精华的作用，突出地将设计师最富灵感、最能呼之欲出的部分表现出来，做到美化其形，突出其神，使得设计的作品更典型集中、更优美生动。因此概而言之：去繁就简是形式，去粗取精是实质。繁复通过对创作素材的艺术添加，使得作品在设计语言上更加丰富、设计手法上更加饱满，最终使作品取得令人满意的艺术成效，设计因素更加丰满、生动和理想。

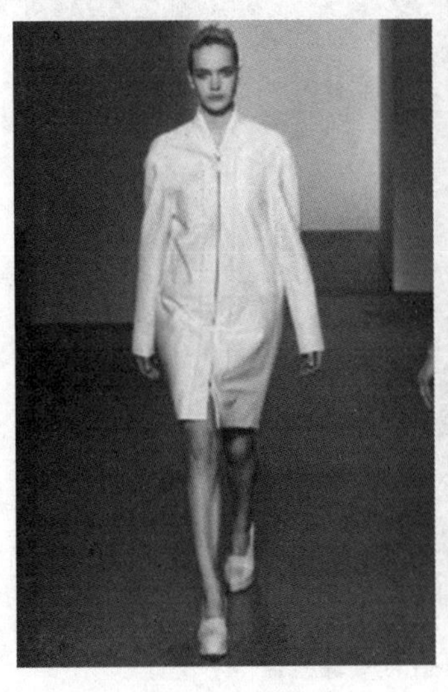

图 2-52　塑造简约感的服装造型

图 2-53　塑造繁复感的服装造型

2. 形式

简约的成败、优劣很大程度上取决于设计师对美感分寸的把握，以及其自身的审美情趣和素养，还取决于设计师对生活、对大自然是否有天性的融入，是否有深刻而本能的理解。只有热爱生活、注重提高自身审美品位的人，才能进行准确深入、恰到好处的简约（图 2-54）。繁复的艺术效果多来自“加法”的运用，即在原有的素材中添加一些美的元素。这种手法的运用，同样不能缺少原有创意的基础，只能在这个基调上做适度、相协调的“加法”（图 2-55）。这种手法也总是离不开大与小、多与少、曲与直、疏与密、虚与实、粗与细等的对比。

图 2-54　通过保留精髓和本质塑造简约

图 2-55　通过表面装饰处理塑造繁复

六、对比与统一

1. 含义

在服装设计中，统一表现为对内容与形式一致性的追求，努力使造型的变化取得和谐、调和的效果，以达到整体上相互关系的一致性、协同性，使相互间的对立从属于有秩序的整体(图 2-56)。对比则主要是通过形态、色彩、材质等视觉要素来表现，如形态中大小的对比、色彩中浓淡的对比、材质中光糙的对比等等(图 2-57)。

图 2-56　各元素高度统一的服装造型

对比与统一是构成美感的两个方面，是矛盾的双方，但又必须是矛盾的统一结合。它们之间的同时并存，只有在它们两者比例适度，相互融洽、和谐乃至转化互补的时候，才更加体现出美感。

图 2-57 色彩上高度对比的服装造型

2. 形式

服装设计中的统一，需要设计师在深厚宽广的审美素养和艺术积淀的基础上，在设计创作工作中整合全局，始终将作品的整体性统一放在首位，将设计过程中众多的重复堆砌、烦琐杂乱的现象给予简约化地删减(图 2-58)。而对比的形式通常有四种：①款式的对比。如繁与简的对比、曲与直的对比、大与小的对比以及规则形与不规则形的对比等等。②材质的对比。如轻与重的对比、硬与柔的对比、紧与松的对比、粗糙与光滑的对比以及肌理效果的对比等等。③色彩的对比。如明度上明与暗的对比、纯度上鲜与灰的对比、色相上冷与暖的对比(图 2-59)。④面积的对比。双方形态、色彩面积上的大小对比、双方并置时位置的集中与分散的对比等等。

图 2-58 通过各元素的单一化塑造整体性

图 2-59　鲜艳与灰暗的纯度对比

七、对称与均衡

1. 含义

在服装设计中，对称是指以中心线划分的上下或左右结构完全相同，即同形同量的组合(图 2-60)。如服装的色彩、面料的纹样、零部件、分割线等常采用对称形式。服装设计的均衡是服装对称结构的变化，是在假想的中轴线两侧呈现不同的形态，但给人的感

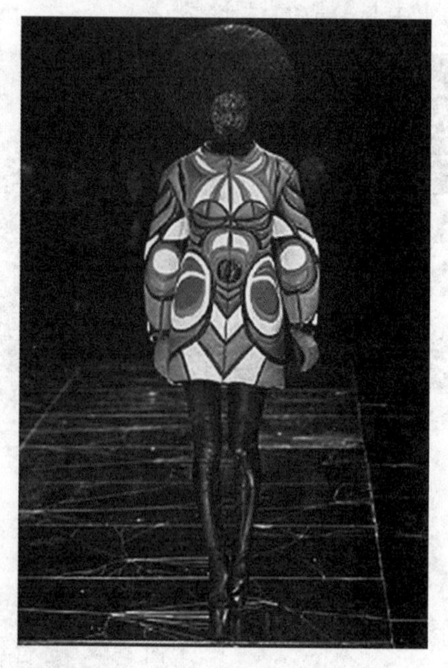

图 2-60　同形同量的对称造型

觉又是相等的，分量是差不多的，即形不等而量等，为“异形同量”，是同量而不同形的组合，给人视觉与心理上的平衡(图 2-61)。这种平衡是以不失重心为原则，达到形态总体的均衡。

图 2-61 异形同量的均衡造型

对称形式给人的感觉是安定，但因为太简单、太明显甚至太单纯，所以带有朴素性和生硬感，也可以从中体会到严格性。比如中山装的造型以及某些东方民族服饰中的图案形状都有一种“对称感”，给人的感觉就是严肃古朴甚至呆板。随着现代服装设计个性化和趣味性的不断发展，完全意义上的对称形式会显得款式单调和拘谨。因此，均衡式设计更加受到广大设计师的青睐。用改变面积大小，变化色彩的配置，门襟、扣子的变化，领袖及外形的变化，装饰点缀的变化等手法，最终达到一种动态、变化的美，既求得了整体造型中的统一，又丰富和突出了细节的变化。

2. 形式

对称造型分为三种形式：一是单轴对称，如中山装的造型设计，以前中心线为对称轴，其两侧的造型完全相同(图 2-62)；二是多轴对称，如双排扣西服的纽扣布局，就是以两根轴为基准进行造型设计的对称组合；三是旋对称，以一点为基准，将造型因素进行方向相反的对称配置，犹如以风车中心为点，叶片转动一样。为了缓解和降低对称导致的服装风格上的刻板和僵硬，设计师经常采用一些小的细节来打乱这种完全的对称造型，如休闲西服的式样可以打破对称的格局，在衣领、口袋等处做一些有变化的活泼设计；礼服设计可大胆借助非对称款式，以获得不同凡响的艺术效果，并起到画龙点睛的设计效果(图 2-63)。

图 2-62　单轴对称的服装造型

图 2-63　轻松活泼的均衡造型

八、单一与反复

1. 含义

在服装设计中,单一是指控制相同的设计元素在一个产品上出现的次数,使之出现较少,并且控制其他不同设计元素的出现。反复是指控制相同的设计元素在一个产品上,依据一定的方式出现多次,促使这一设计元素本身的性质发生改变。一个简单的设计元素依据一定的方式出现数次以后,这一设计元素本身的性质也就必然发生了改变(图 2-64)。

图 2-64　单一元素的反复造型

在服装设计中，单一的感觉主要源自设计元素的量数，款式、色彩、材质、装饰、配饰等的过度统一，就会形成视觉感受上的单一。但若是单一的元素出现的次数增多了，反复和交替地在服装的某个部位出现，又势必会产生和出现设计上的秩序感，从而打破因单一元素而造成的总体上的单薄感，并使服装呈现生动活泼的情趣性。在艺术创作中，我们不应将某一规律孤立理解和运用。虽然各种美的法则所表现的程度不同，但它们是从不同的角度来体现的，每当创作出令人满意、完美的设计作品时，那必然是其中各种因素和谐融为一体了。

2. 形式

在服装设计中，反复和交替使用单一元素是设计师常用的一种手法，在服装的各个部位多次重复性地出现某一造型元素，使用相同的色彩或图案花纹。例如，在服装的领口、袖口、袋口、下摆处重复使用相同的二方连续图案；在一款肥大的袖型上多次系扎，形成一个个小灯笼袖的反复；交错使用相同的辅料和配饰，如拉链、纽扣、蝴蝶结等。造型元素的反复使用，会形成整体上的秩序感和统一性（图 2-65）。但同时也要求设计师具备较强的整体掌控能力，因为重复运用单一要素有时也会导致琐碎、凌乱。造型、色彩和材质各自具有不同的性质，三者的不同变化都会产生不同的设计效果（图 2-66）。

本章小结

服装作为人类设计文化和思想传递的载体，将其语言化后，其一方面承担设计师对内的自我剖析、自我认知、自我理解，另一方面帮助设计师将服装特征对外表达出来。从功能角度看，它是一种工具。对内，它可以帮助人们进行思维活动；对外，它可以帮助人们传达信息。我们发现，服装设计中蕴含着美学的一般属性，也许从美学的角度去阅读、诠释服装设计，可以更切入本质地认识和了解服装设计的理论知识。本章重点，一为服装造型要素的基本构成，二为服装设计的美学规则。这两者存在于每个设计师和着装者的脑子里，表

图 2-65 单一纹样塑造的秩序感和统一性

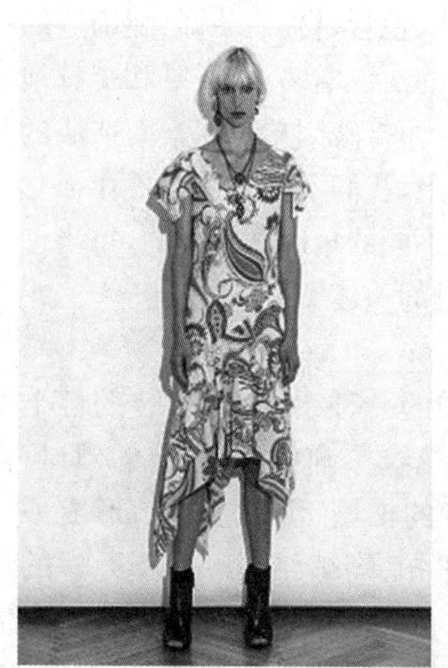

图 2-66 色彩变化的单一元素产生的炫动感

现在所表达出的服装设计当中。

【思考与练习】

1. 简述人体美与服装美两者之间的关系。

2. 简述服装设计中的造型美与美学中的形式美的区别和联系。

3. 从美学角度尝试分析服装设计的表达法则。

4. 阐述现代服装设计表达的风格多样化的缘由。(可以从服装设计的流行趋势角度出发)

5. 分别运用点、线、面、体四大造型要素对服装的某一部件进行设计。(如领子、袖子)

第三章　服装的廓形设计

从广义上讲，服装设计包含了服装外部轮廓设计到服装内部款式设计两个范畴。但在一般情况下，服装设计更倾向于服装的外部设计，即服装的廓形设计。服装廓形设计是服装设计的重要组成部分，是服装设计的本源。同时，服装廓形的变化又影响和制约着服装款式的设计。服装廓形是区别和描述服装的一个重要特征，不同的服装廓形体现出不同的服装风格。纵观中外服装发展史，服装的发展变化就是以服装廓形的特征变化来描述的。服装廓形的变化是服装演变的最明显特征。服装廓形以简洁、直观、明确的形象特征反映着服装的特点，同时也是流行时尚的缩影，其变化蕴含着深厚的社会内容，直接反映了不同历史时期的服装风貌。服装款式的流行与预测也大多是从服装的廓形开始，服装设计师往往从服装廓形的更迭变化中分析出服装发展演变的规律，从而更好地进行预测和把握流行趋势。深入地了解和分析服装廓形及其发展变化规律，借助服装外部廓形设计来表现服装的丰富内涵和风格特征，是服装设计师的设计修养与设计能力的综合体现。服装廓形是服装形象变化的根本，人们总是在不断创造新的形象，产生新的服装廓形，未来的服装廓形是我们不可预知的，但其围绕美的主题却是永远不会改变的。

第一节　服装廓形设计的概念

廓形是款式设计的基础，它进入人们视觉的强度和速度要高于和快于服装的内轮廓，最能体现流行及穿着者的个性、爱好、品位，是服装款式造型设计的根本，也最能反映服装的美感。在服装艺术的创造活动中，廓形作为一种单纯而又理性的设计，是创造性思维的设计结果。它是较细节而言更加明确有效的传播手段，能在视觉上给人留下深刻印象，进而突出服装的风格。

一、服装廓形设计的定义

服装廓形设计是根据人们的审美理想，通过服装材料与人体的结合，以及一定的造型设计和工艺操作而形成的一种外轮廓体积状态。服装廓形（Silhouette）原意是影像、剪影、侧影、轮廓，而在服装设计中将它引申为外形、外轮廓、大形、廓形等意思。服装的总体印象是由服装的外轮廓决定的。欣赏一件服装作品，首先给观赏者留下印象的是色彩和外形这两个要素，然后才是其他。由此可以看出造型在服装设计中的重要地位，而廓形设计则是造型设计中最重要的设计。

二、服装廓形设计的特征

（一）造型风格和人体美的重要表现手段

服装外形线不仅表现了服装的造型风格，而且是表达人体美的重要手段。尽管服装随着流行趋势和人们的喜好总在千变万化，但由于绝大多数服装都要作为实用品最终穿着在人体上，所以服装总是以人体为核心和载体进行构思和设计。从着装的目的出发，人们穿着服装不外乎是为了表现人体之美、掩饰人体不足和改变人体自然体态、美化装饰这几个方面。不同时期的人们会根据当时审美标准的不同，不断地进行合乎理想的改造。人们总是按照自己的审美，通过服装和身体，塑造理想的外形轮廓（图 3-1）。

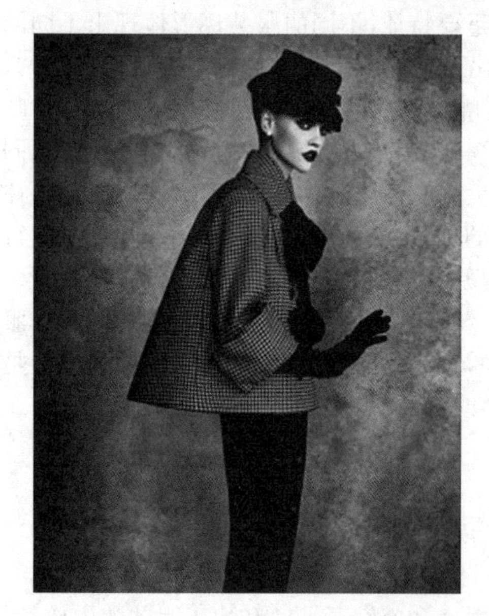

图 3-1　服装通过廓形塑造理想的外形轮廓

（二）服装的造型手段和时代风貌的体现

每季服装流行的变化都是以廓形的确立而展开的，廓形是流行转化中的重要元素。服装廓形是时代的一面镜子，透过廓形的特征和演化，可以看出社会政治、经济、文化等不同方面发展的信息（图 3-2）。

三、服装廓形设计的要点

服装廓形美是服装美感的重要体现，影响其美感的因素有很多，包括人们的审美理想、人体审美区域的变化、审美文化传统、服装使用功能等都对服装廓形有影响，正是这些因素的存在，造就了千姿百态的服装风貌，使服装廓形不断翻新变化。因此，只有准确把握人体运动规律，理解、掌握人体结构和不同着装需求，才能创造出优美、合理、具有时代感的服装廓形。

图 3-2　近年来伴随着休闲风席卷而来的 H 形服装

第二节　服装廓形设计的分类

服装形态的特征以轮廓造型最为醒目。廓形是服装外部形态的轮廓和实体限定。鲁道夫·阿恩海姆认为:三维物体的边界是由二维的面围绕而成,二维的面又是由一维的线构成。对于物体的这些外轮廓边界,人的感官都能毫不费力地把握到。因此,服装的直观形象会以外部轮廓线的形式首先呈现在人们的视野中。不同个性的廓形形式是在长期的服饰文化历史进程中经过筛选、发展、积淀而成,它根植于人体体表的基本形态,受流行时尚的影响而不断变化。例如法国时装设计大师迪奥(Christian Dior)就以其超人的廓形创意一举成名。作为服装设计的主要手段,廓形的创意决定着服装的总体风格,在服装设计中，常把廓形设计分为字母型、几何形、物象型、仿生型、无序型等类型(图 3-3)。

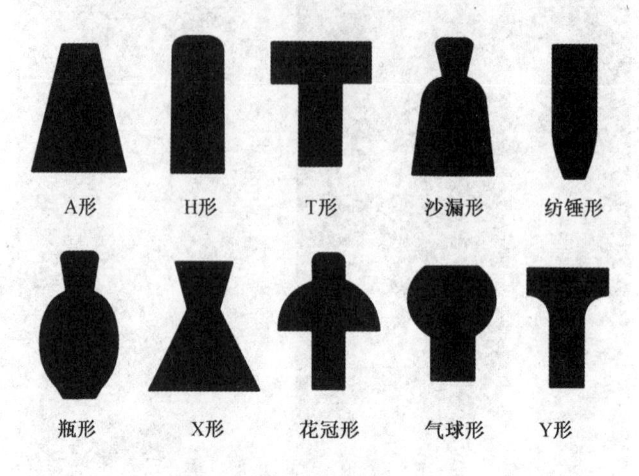

图 3-3　服装廓形

一、字母型

(一) 含义

以字母命名服装廓形是由法国时装设计大师迪奥首次推出的。在千姿百态的服装字母型廓形线中，最基本的有五种，即 H 形、A 形、T 形、O 形、X 形。在西方服装发展史中，经常用来描述服装变化的字母型也是这几种，在现代服装设计中，这几种服装廓形也是最常用的。在此基础上引申，几乎可以将所有对称的英文字母用来描述服装廓形，如 I 形、M 形、U 形、V 形、Y 形等。字母型分类的主要功效是既简要又直观地表达服装廓形的特征。

(二) 目的

服装发展到今天，一般的防护功能已退居后台，现代服装更强调其审美功能，服装风格是设计师努力营造的内容之一。造型的背后隐藏着风格倾向，设计师应该学会把握好这种倾向，从而使自己所设计出的服装廓形能更好地反映出服装的风格内涵。

(三) 作用

服装设计是一个千变万化的复杂过程，所以其外形也是千姿百态。以字母型对服装廓形进行分类，除了五种基本字母型外形线以外，还有其他的字母型廓形，如 V 形、Y 形、S 形等。每一种廓形都有其自身的造型特点和性格倾向，这就要求设计师在设计时根据设计要求灵活运用，可以使整套服装呈一种字母型，也可以在一套服装中使用多种字母型进行搭配，如上装用 H 形、下装用 A 形等，多种廓形自由搭配，可塑造出无以计数的服装廓形线。

(四) 形式

1. H 形廓形

H 形也称矩形、箱形、筒形或布袋形。其造型特点是平肩、不收紧腰部、筒形下摆，因形似大写英文字母 H 而得名(图 3-4)。H 形服装在人体运动过程中可以隐藏体型,呈现出轻松飘逸的动态美,显得简练随意而又不失稳定。穿着时可掩盖许多体型上的缺点,展现多种服装风格。H 形廓形多用于运动装、休闲装、居家服以及男装等的设计中。"一战"以后,1925 年,H 形服装在欧洲颇为流行,但当时还没有以英文字母命名。1954 年,H 形廓形由法国时装设计大师迪奥正式推出,1957 年再次被法国设计大师巴伦夏加推出,被称为"布袋形",20 世纪 60 年代风靡一时,80 年代初再度流行。

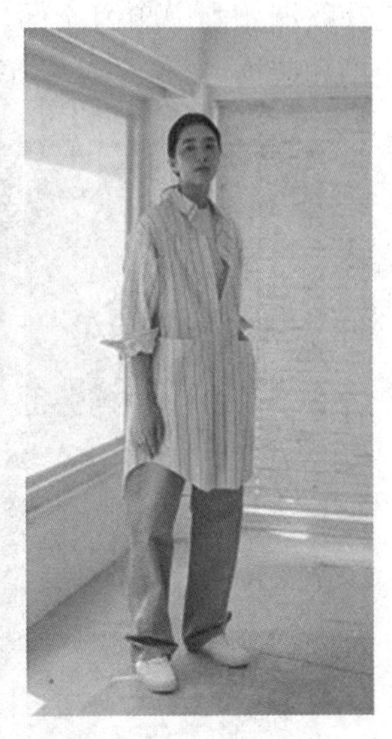

图 3-4 H 形廓形的服装

2. A 形廓形

A 形廓形也称正三角形。A 形具有向上的矗立感,洒脱、华丽、飘逸,将其用于男装可充分体现男性的威武、健壮、精干;用于女装则能显示女性的高雅、伶俐,使其富有柔中带刚的男性化气质,体现出现代女性的职业风范(图 3-5)。A 形服装被广泛用于大衣、连衣裙等

图 3-5 A 形廓形的服装

的设计中。A形线由迪奥于1955年首创,被称为ALine。A形廓形20世纪50年代在全世界的服装界都非常流行。

3. T形廓形

T形廓形类似倒梯形或倒三角形,其造型特点是肩部夸张、下摆内收,形成上宽下窄的造型效果,T形廓形具有大方、洒脱、较男性化的性格特征(图3-6)。T形造型多用在男装和较夸张的表演服以及前卫风格的服装设计中。"二战"期间,曾作为军服式的T形廓形服装在欧洲妇女中颇为流行。皮尔·卡丹将T形运用到服装设计中,使服装呈现很强的立体造型和装饰性,这是对T形的新诠释。

图3-6 T形廓形的服装

4. O形廓形

O形廓形呈椭圆形,其造型特点是肩部、腰部以及下摆处没有明显的棱角,特别是腰部线条松弛,不收腰,整个外形比较饱满、圆润(图3-7)。O形线条具有休闲、舒适、随意的性

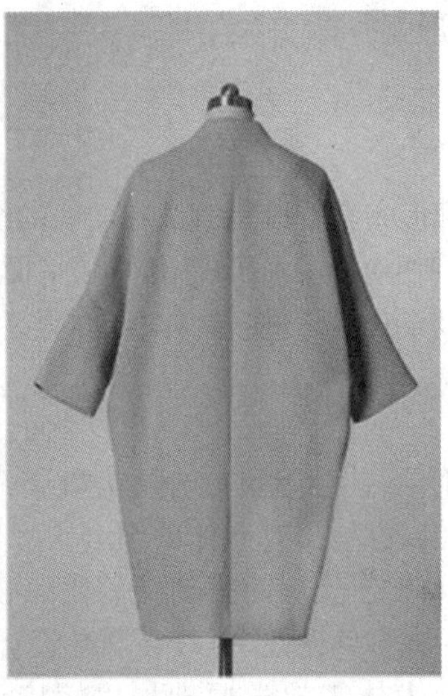

图 3-7　O 形廓形的服装

格特征，在休闲装、运动装以及家居服的设计中用得比较多。

5. X 形廓形

X 形线条是最具女性体征的线条，用线条勾勒出优美的女性人体三维外形即是近似 X 形（图 3-8）。在经典风格、淑女风格的服装中这种线形用得比较多。X 形的造型特点是根据人的体型塑造稍宽的肩部、收紧的腰部、自然的臀形。X 形线条的服装具有柔和、优美、女人味浓的性格特点。

图 3-8　X 形廓形的服装

二、几何形

（一）含义

当把服装廓形完全看成是直线和曲线的组合时，任何服装的廓形都是单个几何体或多个几何体的排列组合。几何形有立体和平面之分，平面几何形包括三角形、方形、圆形、梯形等，立体几何形包括长方体、锥体、球体等。

（二）目的

一般情况下，服装廓形可以分解为数个几何形体，尤其是服装的正面剪影效果最为明显，即使变化再大，也是几何形体的组合。廓形设计方法中的几何造型法就是利用简单的几何模块进行组合变化，从而得到所需要的服装廓形的方法。一般情况下，由于空间形态和服装造型存在许多共通性，所以在服装设计中，可以将分解与重组以后的几何形结合服装设计的特点及人体工效学原理加以嫁接引用。几何模块可以是单个的，也可以是多个的。

（三）作用

作为廓形设计方法之一的几何造型法，是建立在廓形的几何形分类基础之上。将本来复杂的图形概括为几何形，从造型的总体需要出发进行取舍与合并，在似与不似之间组成全新的造型，是继寻找到灵感源泉后服装设计的第二步。通过之前空间形态分解后的几何形，运用结合、相接、减缺、差叠、重合、图底等方法，并将这些设计手法交叉联合使用，会创造出无以计数的新的服装设计，给服装的外轮廓带来无穷的设计思路和灵感。几何造型法的设计自由度非常大，设计时可以不以某个造型为原型，经过一番随心所欲地排列组合，经常会收获意想不到的好的服装廓形。

（四）形式

1. 方形

方形是服装外轮廓的基本形之一。造型简洁、朴实、庄重，以直线为造型特点，不收腰，不放下摆(图 3-9)。如衬衫、筒裙、直身外套、筒形大衣等都是以这种形为依据而设计的。这种造型还可称为长方形、矩形，因为其特点与方形是相一致的。

2. 三角形

三角形包括正三角形、倒三角形、等腰三角形、等边三角形、任意三角形(图 3-10)。“T”字形、“A”字形、“Y”字形、“V”字形、喇叭形、沙漏形、塔形、飞檐屋顶形等造型也都是从三角形这个基础上演变而来的，这种造型在服装设计中运用得非常广泛。

3. 曲线形

曲线形也称“8”字形。其造型特点是与女性人体结合，突出女性曲线美，使肩、胸、臀部与腰形成对比，具有优美特征(图 3-11)。字母线条造型中的 X 形、S 形等都是从这种造型基础上演变而来的。

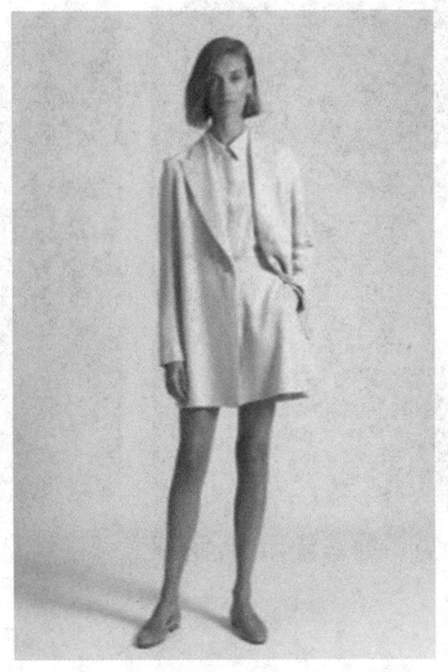

图 3-9　方形廓形的服装

图 3-10　三角形廓形的服装

图 3-11　曲线形廓形的服装

三、物象型

（一）含义

大千世界物体形态无所不有，可以利用剪影的方法将它们的外形变成平面的形式，再抽象成几条线的组合就会成为一个优美简洁的外轮廓，这些廓形经常被设计师借鉴运用到服装中变成具有某种物象形态的服装廓形。例如迪奥的郁金香形、20 世纪 60 年代流行的酒杯形，还有埃菲尔铁塔形、圆屋顶形、箭形、纺锤形等。

（二）目的

服装赋予物体的外观情感称为“拟物”，自然界中丰富多彩的动物、植物或其他物体的形状，都有可能成为我们设计灵感的源泉。传统服装设计中常常将抽象或具象的图形作为点的形式出现在服装上，这点可能源自一朵花，也可能源自一片叶。大自然万物与我们人类息息相关，已成为我们赖以生存的幸福家园，因而以大自然中的物象作为我们创意的源泉，是最便捷也是最卓有成效的设计方法。

（三）作用

作为造型艺术中审美特征表现的“拟物”，将从新的角度提出服装的设计方法。因此，不是仅用空间形态来诠释服装设计，而是要将拟物的造型方法运用到服装轮廓造型中来，使设计者在造型创意的过程中，由自然界具体的物象展开联想，进而形成一种发散性思维，启迪设计中的灵感，丰富创作中的想象，最终取得好的创意表现。

（四）形式

1. 喇叭形

上半身呈合体长方形，向下逐渐向外扩展，整体呈现喇叭外形(图 3-12)。

图 3-12　喇叭形廓形的服装

2. 气泡形

上半身呈圆形气球状，下半身紧窄合体，整体造型呈现出反差极大的上大下小形状(图 3-13)。

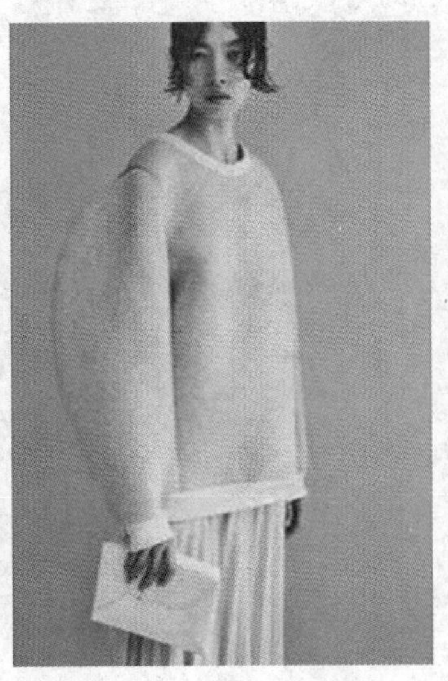

图 3-13　气泡形廓形的服装

3. 郁金香形

上端平直，向下逐渐扩展，再向下又逐渐收拢，整体呈类似郁金香花形(图3-14)。

图 3-14　郁金香形廓形的服装

4. 酒瓶形

上半身紧窄合体，下半身呈弧线形收缩，呈酒瓶造型(图 3-15)。

图 3-15　酒瓶形廓形的服装

5. 酒樽形

上端平直，向下逐渐扩展，再向下又逐渐收拢，至底部时又回复上端的平直状态（图 3-16）。

6. 酒杯形

肩部平直，向外加宽，上半身宽松，呈圆形，下半身紧窄合体，整个外观呈酒杯造型（图 3-17）。

图 3-16　酒樽形廓形的服装

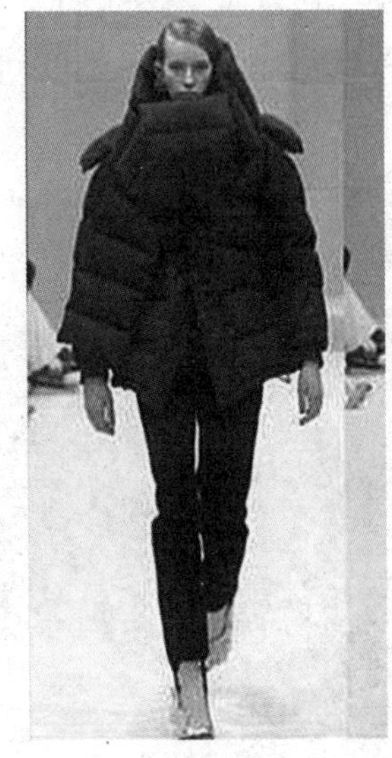

图 3-17　酒杯形廓形的服装

四、仿生型

（一）含义

仿生设计是指通过研究生物体（包括动物、植物、微生物等）和自然界物质（如日、月、风、云、山、川、雷、电等）存在的外部形态及其象征寓意，将服装设计建立在三要素（即型、色、质）的基础之上，并通过相应的艺术处理手法将其应用于设计之中。

（二）目的

仿生设计是在仿生学（Bionics）的基础上发展起来的一门新兴边缘学科，它在人类各种科学领域中得到了广泛的应用，并取得了不俗的成绩。仿生设计不同于一般的设计方法，它是以自然界万事万物的"形""色""音""功能""结构"等为研究对象，有选择地在设计过程中应用这些特征原理进行的设计，同时结合仿生学的研究成果，为设计展现和提供一系列新的思想、新的原理、新的方法和新的途径。

（三）作用

运用仿生设计来设计服装，不仅造型上有取之不尽的外部形态，而且色彩上也有源源不断的灵感，材料上还可以具有令人惊叹的功能创新，使服装设计具有极强的创造性与挑战性，满足了人类情感表达的需求，赋予了服装生命和文化内涵，增进了人类与自然界的和谐统一。设计回归自然，以大自然中万物作为服装设计的平台，拓展服装设计师们的创造思维模式，再运用美学与心理学等原理进行指导，这就是仿生服装设计特有的设计语言。

（四）形式

纵观中西方服装发展历史，我们不难看到历代大师们运用仿生法设计出的经典佳作。中国的马蹄袖（图 3-18）、马面裙（图 3-19）、蝴蝶结（图 3-20），国外的羊腿袖（图 3-21）、蝙蝠衫（图 3-22）、荷叶袖（图 3-23）、燕尾服（图 3-24）等，都是在这种创作方法的引导下完成的。

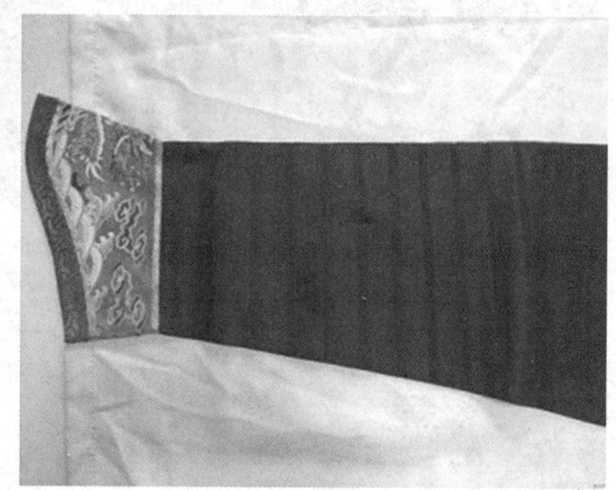

图 3-18　马蹄袖

图 3-19　马面裙

图 3-20　蝴蝶结

图 3-21　羊腿袖

图 3-22　蝙蝠衫

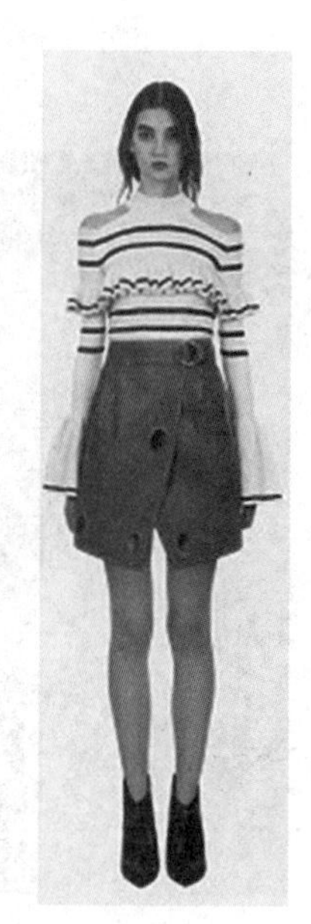

图 3-23　荷叶袖

图 3-24　燕尾服

五、无序型

（一）含义

所谓无序是指一种混乱及缺乏条理的情况和状态。在服装设计中，我们把在廓形设计中无法明确归类于上述设计形式的设计方法，统称为无序型。因为它更多地发自设计师即时的、无法追根溯源的一种感觉，很难明确它在设计方法上的出处和所遵循的法则，体现的是设计师摒弃了传统的框架和束缚，随心所欲、天马行空的设计想象和创造。

（二）目的

服装设计发展到今天，已经完全步入了一个日新月异的崭新时代，各类优秀的设计师在世界舞台上尽情演绎着各自的传说。精彩的作品层出不穷，设计的手法也是五花八门，有的甚至堪称古怪离奇。故而有些作品我们可以通过对它的分析，清晰地摸索出设计师构思的脉络，而有些作品我们只能是面对它叹而观之，心中升起对大师超人设计才华无限的崇敬。这批设计师可以说完全不按传统套路，单单凭借个人超强的智慧和领悟，在设计过程中忘乎所以、为所欲为，创造出服装 T 台上一个又一个传奇。

（三）作用

无序法可以超越上述设计形式的束缚，在创作中更加增强想象空间，拓展一切创造的可能性，将意念中许多虚幻、缥缈、不确定的东西，通过努力一步步地演变为现实存在的物体。设计之本在于创新，设计师的最高回报在于享受从无至有的创造。无序法提供了创作中更为广阔的天地，也成就了设计师一次又一次地飞越自我。2000 年，英国秋冬时装周的秀场上，椅套瞬间变成了洋装，桌子瞬间变成了裙子，Hussein Chalayan（侯赛因·卡拉扬）的作品让世界瞠目结舌（图 3-25）。

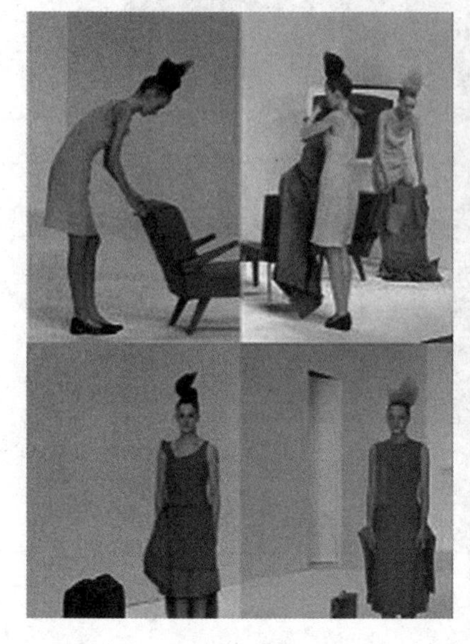

图 3-25　侯赛因·卡拉扬的作品

（四）形式

既为无序，就没有固定的形式和法则可循，多为一种设计师意念和感觉上的表现，完全不受任何限制，是设计和构思中最为纯粹和直接的表述。形式没有约束，也就无法罗列出它的具体种类（图 3-26）。

图 3-26　自然酣畅的流线设计

第三节　服装廓形设计的主要部位

服装设计的对象是人，设计的构思、方案的拟定均是围绕如何美化、装饰人体，表现穿衣者的个性与气质而展开的。服装设计离不开人的基本体型，造型设计就是借助于人体体型以外的空间，用面料、辅料以及工艺手段，构成一个以人体为中心的立体形象而产生的视觉效果。因此，服装外形线的变化不能是盲目的、随心所欲的，而是应该依据人体的形态和结构进行新颖大胆、优美适体的设计。服装的外形线离不开支撑衣裙的颈、肩、腰、袖、臀、膝、底边这些相关围度的形体部位，对这些部位的设计处理，可以变化出各种廓形，从而决定和影响服装的风格。

一、颈部

（一）含义

颈部是连接人体头部与躯干的支节部位，并且支配着头部的转动，起着活动的枢纽作用。颈部的细长外形也是人体中充满美感的部位，尤其是女性的颈部，常成为设计师设计表现的重点（图 3-27、图 3-28、图 3-29）。包裹颈部的服装零部件被称为领子，领型的设计也是服装细节设计中的一个重要门类。

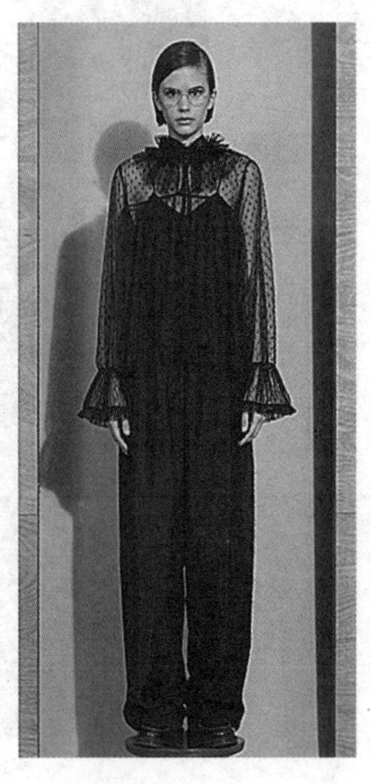

图 3-27　荷叶边修饰的颈部造型

图 3-28　花朵修饰的颈部造型

图 3-29　叶片修饰的颈部造型

（二）目的

人体起伏的外形线是每一件服装作品追求表现的优美轮廓，颈部在其间的魅力尤其突出。观赏者对服装款式的第一印象往往从领型开始，领型的恰当选择还能对着装者的脸型缺陷起到一定的修饰作用。故而在款式设计中，领型设计是非常重要的一个部位，是审视整体效果的一个视觉焦点。

（三）作用

颈部的外形设计历来在设计中有着重要的意义，不仅在功能上起到防风保暖的作用，而且还能起到极强的装饰美化作用。各种类型的领型有着各自的形态性质和表现手法，在整体效果中既起着呼应的功效，又突出细节、画龙点睛，成为一款服饰的设计重点。因此，领型的设计通常都会成为作品的表现重点。

（四）形式

领型设计具有多种分类和表现形式，在后面的有关章节中，将会对领型设计进行较为详尽的介绍，这里不再赘述。

二、肩部

（一）含义

在廓形设计中，肩部的宽窄对其具有较大的影响，它直接决定了服装廓形顶部的宽度和形状。但是，肩又是服装设计中限制较多的部位，其变化的幅度远不如腰和底边线自如。服装廓形总是千变万化，肩部都很难进行太大的突破。因而，无论是塌肩还是耸肩，基本上都是依附肩部的形态略做变化而产生新的效果。20世纪80年代流行的阿玛尼式的超大宽肩，是服装肩部造型的一大突破，这种特别夸大的肩部外形线给一向优雅秀丽的女装带来了全新的男子气质。

（二）目的

肩部是廓形表现中非常重要的一个形体部位，尤其是在男装的设计中，例如T形服装和V形服装，都是通过肩部设计来突出男性体态上的伟岸和英俊。“二战”期间，这种军服式的T形风格还一度风靡于女装之中。因此，对设计师而言，肩部的造型把握是形成服装风格的重要因素。

（三）作用

廓形设计中的T形服装和V形服装，均是以男装化的肩部造型为特点的，平直，挺拔，有张力，极富设计的感染力，可以营造出英武潇洒的艺术风格，是风格创作中表现的重要内容。而当今流行的窄肩款设计也是整体效果中突出表现的重要部位，对风格的定位同样起着很好的烘托作用。

（四）形式

肩部的造型受形体约束的原因相对较少，主要有：①宽肩造型。通过在肩部添加垫肩等充垫物，增加肩部的宽阔感，加强男性气质的体现（图3-30）。②窄肩造型。这是近年来一直流行不衰的女装造型，肩部又逐渐回归紧窄的款式设计，不外加任何物体，保持自然的本来状态，被广泛应用于多种风格的设计之中(图 3-31)。③在肩部附加装饰物。主要是各种形状的袢带，加强肩部的装饰性，增强肩袢这种军用品特有的英武气质，也是众多设计师经常采用的手法之一。

图 3-30　撑垫出的飞檐袖型

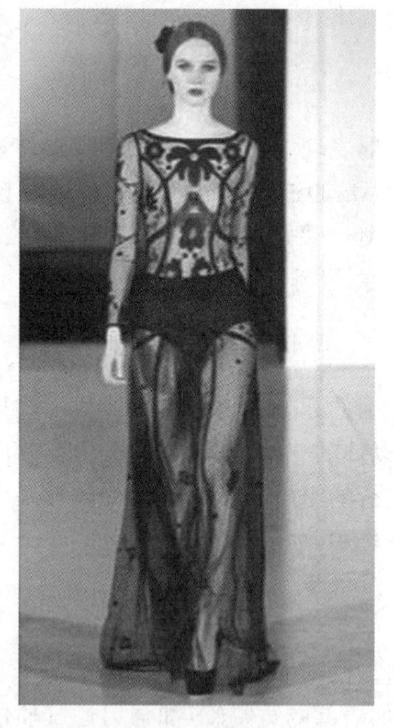

图 3-31　一点式的窄肩袖型

三、腰部

（一）含义

腰部的造型在整个服装中有着举足轻重的地位，变化极为丰富。腰部的变化分横向的松紧之分和纵向的高低之分，因为腰节线是划分服装上下比例关系的分水岭，因而从服装的形式而言有着极为关键的作用。腰部的刻画也是历代女装的精华所在，女性婀娜多姿的形体展现主要是在腰形的塑造中。

（二）目的

服装上下部分长度比例上的种种差别使衣装呈现不同的形态与风格。而这种上下比例的差别，都是因为腰节线的不同分割而产生的，所以注重腰部的各种形式塑造是廓形设计的关键。从服装的发展历史看，腰节线的形式变化也是具有一定规律性可溯的，往往是周而复始地轮回循环。

（三）作用

腰部是服装设计中举足轻重的部位，其中腰部的松紧度和腰线的高低是影响造型的主要因素。腰节线高度的不同变化可形成高腰式、中腰式、低腰式服装，腰线的高低变化可直接改变服装的分割比例关系，表达出迥异的着装情趣。而腰身的松紧变化也直接影响廓形的塑造，进而形成不同的服装风格。

（四）形式

腰部的形态变化有束腰与松腰之分，西方的服装设计师把腰部设计归纳为 X 形和 H 形。束腰即为 X 形，因为腰部紧束能显示女性窈窕身材的轻柔、纤细之美（图 3-32）；松腰即

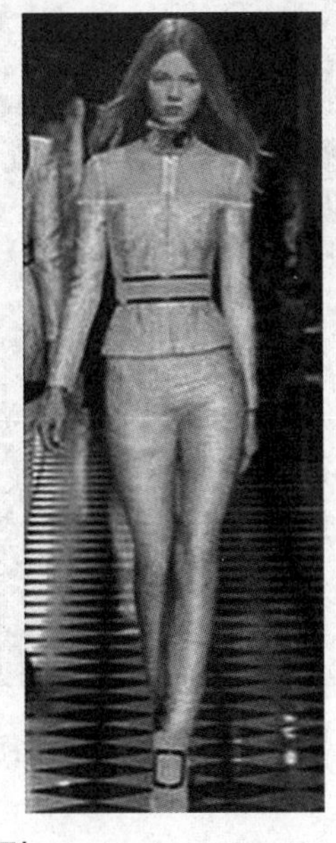

图 3-32　束腰造型

为 H 形，腰部松散，呈自由宽松形态，具有简洁、庄重之美（图 3-33）。束腰和松腰两种形式常交替变化，20 世纪服装历史的发展便经历了 HXH 的变换过程，而每一次腰形的变化都给当时的服装界带来新鲜感。根据腰节线的高低，还可以把服装分为低腰节服装（图 3-34）、中腰节服装（图 3-35）和高腰节服装（图 3-36）。

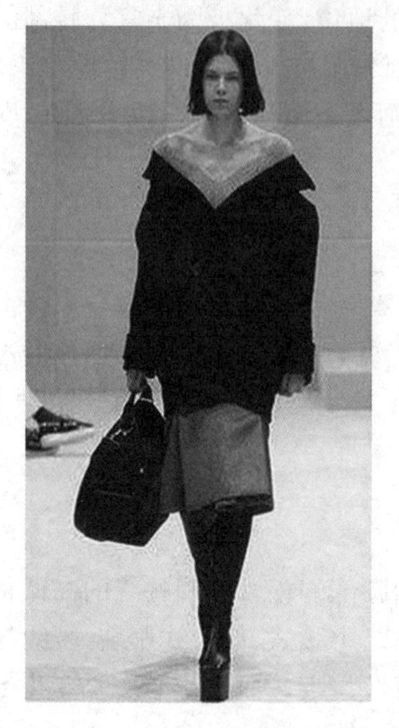
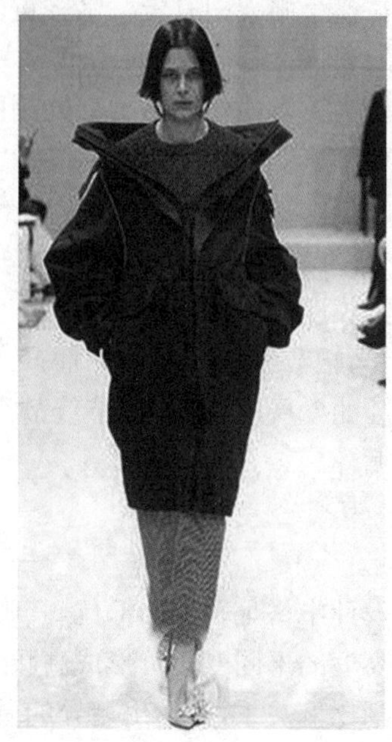

图 3-33　松腰造型

图 3-34　低腰造型

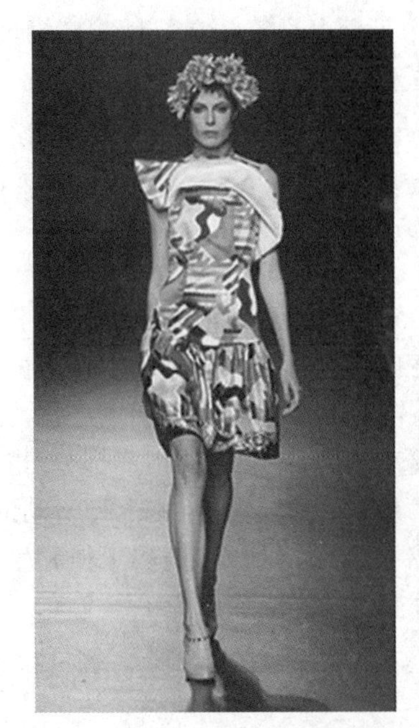

图 3-35　中腰造型

图 3-36　高腰造型

四、袖部

（一）含义

衣袖是包覆肩和臂的服装部位，是服装设计中非常重要的需要细节处理的部分。人体的上肢是上身活动的关键，它通过肩、肘、腕等关节带动上身各部位产生动作，满足生活和工作的各种需要。故袖型的设计必须具备极强的舒适性，保证适合各种活动量和各种活动状况，同时，袖型设计也是塑造整体风格的重要部位，既要突出又要与整体相协调，否则就会影响整体的审美效果。

（二）目的

袖型设计要求其与作为服装主体部分的衣身造型达到形态上的平衡和协调。由于肩和袖连接在一起，因此袖型设计和肩部设计相互影响。这样，顺着着装者的面部往下，领、肩和袖型成了视觉移动路线，对上半身服装外轮廓的线条有着重要的作用。袖型也同样可以作为服装的视觉焦点而设计。袖子是服装整体中的一个重要组成部分，也是最大的衣片之一，故袖子的造型对整体的廓形有很大的影响。上肢又是人体上身活动的关键部位，袖子在功能性上的不合理，会直接影响到着装者穿衣的舒适性，妨碍工作和生活。故设计师应在充分满足功能性与装饰性的前提之下，力求服装的形象更为丰富完美。

（三）作用

衣袖不仅可以起到驱寒遮体的功效，还可以通过合体的剪裁和缝制，加强穿着者活动的舒适性，因而袖型设计在服装设计中占有重要的地位和作用。袖型的多种分类也塑造了各异的风格，对整体形式也起到了制约和影响。例如，一件波希米亚风格的服装，袖型从款式至色彩和材质也必须是飘逸浪漫的，如果忽略整体性采用了紧身袖型，那么一定会显出服装风格上的混乱和不伦不类的尴尬。

（四）形式

袖型设计具有多种分类和表现形式(图 3-37、图 3-38、图 3-39)，在后面的有关章节中将会对袖型设计进行较为详尽的介绍，这里不再赘述。

图 3-37　一点式小袖型

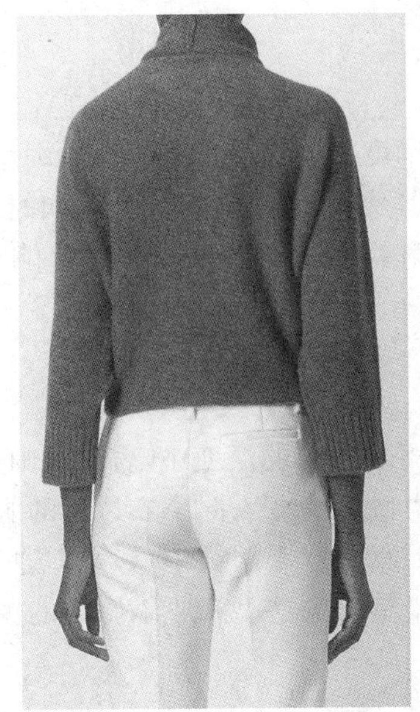 

图 3-38 合体式中袖型

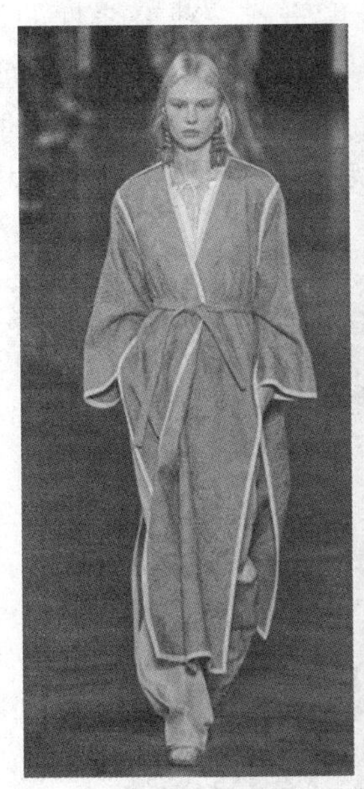  

图 3-39 宽松式大袖型

五、臀部

(一) 含义

在服装设计中,臀围线扮演着重要的角色,它具有自然、夸张等不同形式的变化。臀部所产生的围度感一直以来都是服装设计中表现的重点,围度的大小对服装外形的影响最大。纵观服装史的发展,臀围线经历了自然、夸张、收缩等不同时期的形式变化,各种廓形由此孕育而生。

（二）目的

廓形是风格塑造中最重要的因素之一，而围度又是廓形的直接制约因素，因而对围度造型的表现是服装设计中的重中之重。不同的时代盛行不同的风格，不同的风格又产生不同的围度表现。优秀的设计师必须敏锐地接受和判断种种时尚，并表现在自己设计的细节之中。

（三）作用

从西方服装史大致划分的历史阶段来看，服装外形的演变中，臀部的围度感起到了至关重要的作用。无论是古代的宽衣服饰，还是中世纪的宽衣向窄衣过渡的服饰，直到今天彻底的窄衣服饰，围度都是造型塑造中的直接元素。宽衣服饰中，妇女们通过裙撑来夸大臀部造型；而在窄衣时代，人们又通过紧身裤、铅笔裤的造型来收缩臀围的视觉效果，营造简洁干练的新时代形象。

（四）形式

有时为了装饰上需要或迎合某种时尚潮流，常通过围度进行一些夸张性的设计，通过庞大裙子与纤细腰肢的对比，产生一种炫耀性的装饰效果（图 3-40）；有时又通过运用紧身裤的形式来收缩臀围，使下肢更加纤细瘦长，女装男性化，营造一种中性的穿衣风格。不同的臀围表现都极大地影响了外形的变化，至宽至紧都是设计师常用的表现手法（图 3-41）。

图 3-40　纤腰丰臀的造型设计

图 3-41　臀部融入夸张塑形突出造型设计

六、膝部

（一）含义

膝盖是连接人体大小腿的支节点，是腿部弯曲和运动的重要关节点，因而无论从功能上还是形式上，膝部都是设计师在作品中努力表现的关键部位之一，尤其体现在裤装中。设计师通过各种设计手法的运用，加强局部细节的表现，用细节突出整体，呼应整体作品风格。

（二）目的

服装设计是一个全面整体的工程，各项单品的品类、造型结构等各个方面都应取得同步发展。裤装市场的设计一直以来进展比较迟缓，无论从款式还是色彩和面料都显得陈旧、单一。主要原因就在于下装设计的植入点不像上衣那样丰富，膝盖作为腿部的一个重要关节点显然就成了设计师关注的焦点。膝盖区域的细节处理，不仅能够增强运动的舒适性，还可以呼应整体风格，加强形式上的装饰性。

（三）作用

传统的裤装大多侧重于穿着的舒适性和面料的材质，而在设计手法上显得比较简单、空洞。随着服装设计领域的蓬勃发展，丰富和加强裤装的装饰性已经迫在眉睫。膝盖作为腿部的中端连接点，其所在的位置和所处的功能，使得设计师纷纷以它为设计上的切入点，极尽装饰所能，选用各种设计手法，突出裤型塑造上的形式感，进而创造出整体的艺术风格（图 3-42、图 3-43）。

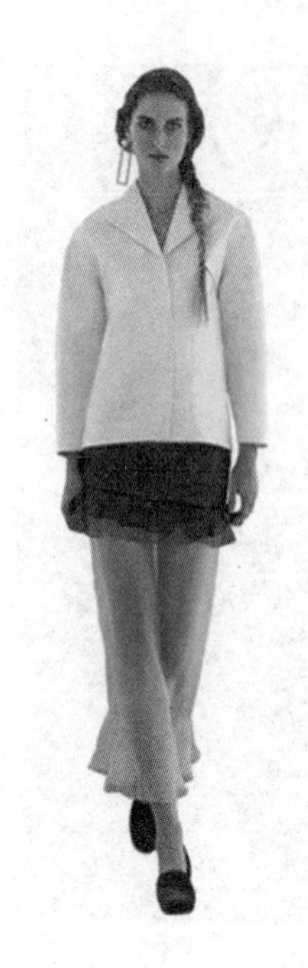

图 3-42　膝部的裤装变化

图 3-43　膝关节处的喇叭外形增强了造型感

（四）形式

时代的飞跃已经使裤装的设计超越了传统的性别界限，更加注重在基础功能下的装饰性表现（图 3-44）。①材质的面料镶拼。可以是同质异色面料，也可以是异质同色面料，当然也可以延伸为异质异色面料。但考虑到膝盖处的运动负荷量，一般这个部位通常选用一些耐磨损和宜于活动的面料。②从人体工学的角度设计各种开刀线，更好地方便腿部的弯曲，同时也丰富了腿部的造型处理，这是当下许多服装品牌裤装设计的重要手法。③在膝盖部位的区域内设计一定的路径缉线缝等，既起到加强面料牢固度的视觉效果，同时又起到了极强的装饰美感。

图 3-44　裤装在膝盖处的各种造型处理

七、底边

（一）含义

底边是服装设计中长度变化的关键参数，也决定了造型底部的宽度和形状，是服装廓形变化最敏感的部位之一。纵观服装史的发展，从 20 世纪初开始，西方女性服装的裙底边线逐渐上移，直到 20 世纪 60 年代的迷你裙，把裙底边线推到了短裙的顶点，70 年代裙长又急转直下，底边线在膝与踝之间徘徊，80 年代裙长则稳定在腓部中央。女裙底边的这种长短演变，曾为当时的服装界带来过颇具影响力的时髦效果。形态上的各种变化，诸如直线、曲线、折线，不同的底边会使服装廓形呈现出不同的风格与造型。

（二）目的

上装和下装底边的长度变化，直接影响到整个服装的廓形比例，进而影响到服装的时代精神和设计风格。从 21 世纪开始，底边的变化始终体现在不同时代的流行之中，由长至短，再由短至长，岁月轮回，纷繁交替，为时装界带来了一次又一次的视觉震撼，例如 20 世纪 60 年代末推出的迷你超短裙。因此，对于底边线的构思与创作，会使服装展现出不同的艺术风采，并定位出各异的设计风格。

（三）作用

底边在长度和形态上的不同变化，均会推进服装整体的艺术表现，强化作品的设计风格。不同风格的服装，在底边上的特征其实是非常明显和突出的，设计师如果能够把握住这种细节的特点，并结合不断变迁的时尚，相信一定可以将品牌的风格运用得心应手，进而还能不断延续其精髓并发展光大。

（四）形式

底边线在长度上的变化，通常可分为超短、短、中、中长、长、超长这六种程度范围，各时代的流行演变也始终徘徊在这个范围之内，周而复始，演绎精华。1964 年，英国年轻的设计师玛丽·克万特推出“超短裙”，打破了过去时装的传统，改变了服饰观念，开创了服装史上裙子下摆长度最短的时代。底线形态的变化也非常丰富，有直线形底边（图 3-45）、曲线形底边（图 3-46）、折线形底边（图 3-47）、对称形底边（图 3-48）、非对称形底边（图 3-49）、平行底边（图 3-50）、非平行底边（图 3-51）。底边的这种形式变化激发着设计师的创新热情，推动着服装设计不断发展。

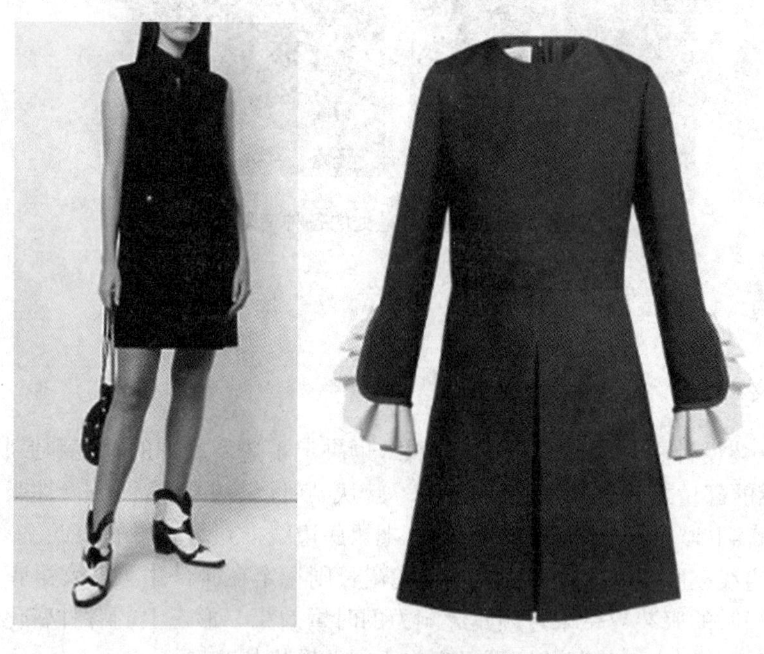

图 3-45　直线形底边

图 3-46　曲线形底边

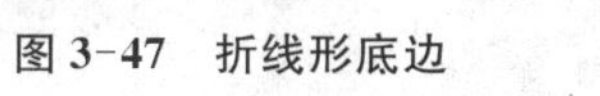

图 3-47　折线形底边

图 3-48　对称形底边

图 3-49　非对称形底边

图 3-50　平行底边

 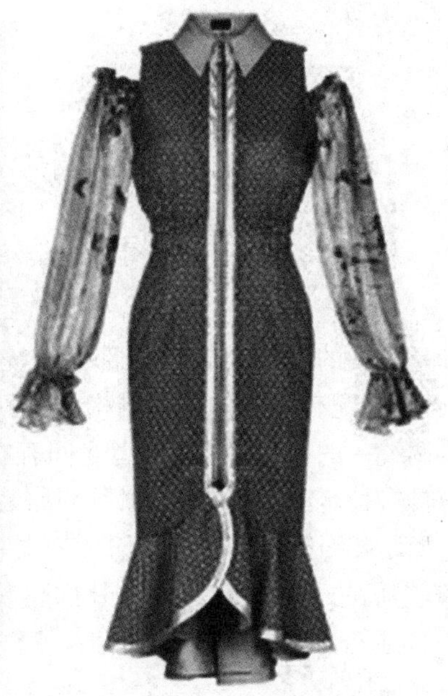

图 3-51　非平行底边

本章小结

随着服装流行的不断变化，服装的廓形变化也日渐丰富。借助于服装造型，人们可以模仿出多种意想不到的形态，装扮出千变万化的形象。但服装廓形的实现离不开人的基本体型，离不开支撑衣裙的颈、肩、腰、袖、臀、膝、底边这些相关围度的形体部位，对这些部位的设计处理，可以变化出各种廓形，从而决定和影响服装的风格，体现着装者不同的精神状态和心理需求。此外，服装廓形的变化，哪怕是一些细微的变化，往往伴随着一种"流"的产生，形成一股流行款式的主流。如敦煌时代的荷叶裤，廓形变化后形成 20 世纪 70 年代后期流行的喇叭裤。又如，近几年外轮廓的放松，廓形近似于"□"型，就伴随着宽松、舒适、潇洒的休闲服装的流行。可见廓形设计的重要性和其对服装设计的意义。在这个设计阶段，设计师既要充分把握时代的特征，确定自己所要表现的主题和风格，同时还要充分考虑对象的体型条件，选择扬长避短的廓形，才能形成风格各异的造型效果。

【思考与练习】

1. 服装廓形设计的特征包含哪几点?

2. 最易使服装廓形产生变化的部位包括哪些?

3. 找出 3 种以上不同风格的服装，并思考不同风格的服装是如何进行服装廓形设计的。

4. 试通过对 3～5 款服装的一个和多个部位(如领、袖等)进行再设计，使原有服装的风格发生改变。

第四章　服装的细节设计

服装设计是服装的主体结构与局部结构完整结合的一种表现方式。从设计的基本原则出发，服装必须要配有完整的局部结构，而且局部结构不仅要有良好的功能性，还要与主体造型形成协调统一的视觉效果，两者之间存在着紧密的内在联系。为此，服装局部的部件设计除了应具有特定的功能外，还必须与服装的主体协调一致，并使服装更具有装饰性。服装的内部造型是相对外部廓形而言的，是服装中通过点、线、面、体等造型元素组合而形成的内部造型，它们的变化设计建立在外部廓形的基础上。因此内部造型不仅要符合外部廓形的要求，而且还要充分体现人体之美，使整体设计更加完美。细节的成功是服装产生美感的一个重要原因。

第一节　服装细节设计的概念

服装的细节是相对于服装整体造型而言的局部形态，大多以零部件（附件）的方式呈现出来。如果说廓形和结构承载着更多约定俗成的形式制约，那么对于零部件的形式制约就显得相对要少很多，尤其在女装设计中部件的既定程式更是少之又少。服装零部件作为服装流行时尚的重要载体，正是因为具备了这样的优势，而常常成为视觉焦点为人们所注目。随着流行的变化，零部件有时会被夸大到影响整体造型的程度，例如在现实中已经并不罕见的那种超级大口袋、超宽腰带等等。因此服装的零部件是对服装造型的重要补充，设计中有了细节的表现，服装的功能与审美就能更加趋于完善，流行亦能寻找到一种合适的表述载体。

一、服装细节设计的定义

服装的细节设计也就是服装的局部设计，是服装廓形以内的零部件的边缘形状和内部结构的形状。如领子、口袋、裤袢等零部件和衣片上的分割线、省道、褶裥等内部结构均属服装细节设计的范围（图 4-1）。

服装中的细节设计体现在服装的功用性与审美性的有机结合中。服装的细节设计是整体造型中最为精致的一个部分，通常会成为设计上最生动的一笔，可以让人细细品味和享受。它在服装中不应是孤立存在的，除了本身具有审美性外，同时还应与服装的整体形成有机联系。每个局部都可以有设计上的变化，但从总体而言整体统辖局部，局部服从整体，这也是服装造型的一个重要法则。

图 4-1 各种细节的造型表现

二、服装细节设计的特征

（一）细节与廓形的统一性

一般来讲，服装的外观造型决定内部的细节造型，细节设计应考虑与服装廓形在风格上呼应统一。如果廓形是宽松夸张的，那么至少部分主要的细节也应该是宽松夸张的；相反，如果廓形非常严谨，细节设计却非常松散，结果肯定会让人感到不伦不类、滑稽可笑。当然，有时候为了设计需要，也会有先决定细节造型，然后再决定服装整体廓形的设计情况。

（二）细节与细节的关联性

细节与细节的造型之间也要相互关联，不能各自为政，造成视觉紊乱。例如，尖领与圆口袋、飘逸的裙摆与僵硬的袖子等，这些极具冲突性的组合会在视觉上难以协调，让观者感觉很不舒服。同时，各部分之间的材料、工艺等可以影响外观效果的因素也要注意协调关系。例如，毛皮服装不可能用雪纺纱做口袋，红颜色的服装若要加绿色的领子或袢带则需要仔细推敲。

三、服装细节设计的要点

（一）细节设计的多样性

一件服装的廓形确定以后，并非只有一种细节与布局与之相配，相反，可以在整个廓形中进行许许多多的细节设计，有时某些细节会有与廓形相同的边缘线。例如飘逸的带子、凸起于服装之外的打结装饰、夸张的荷叶边等(图 4-2)。

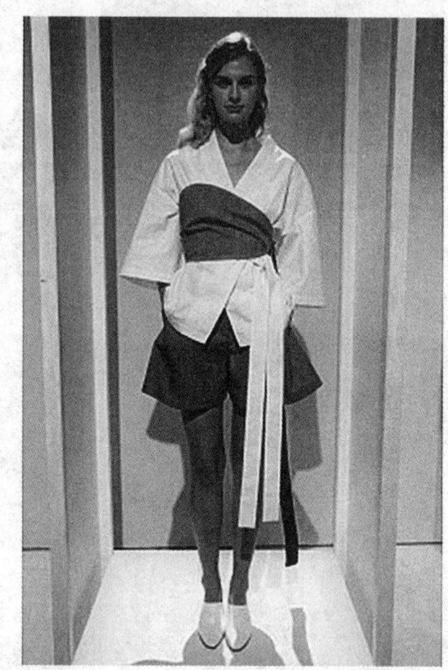
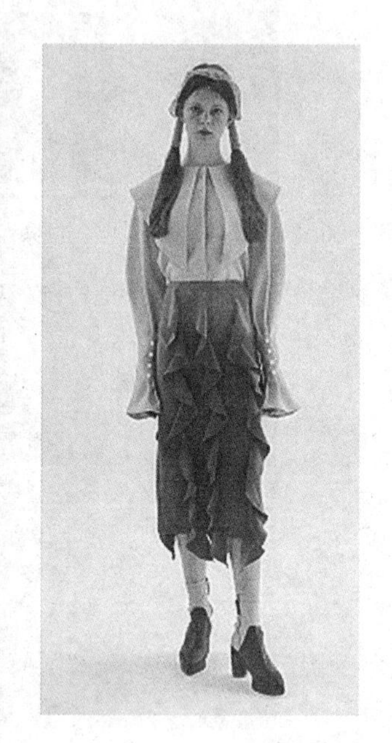

图 4-2　细节设计的多样性

（二）细节设计的发展性

服装的细节设计可以增加服装的机能性，也能使服装更符合形式美原理。从细节设计中还能看出流行元素的局部表现，更重要的是，细节设计处理得好坏，更能体现出设计者设计功底的深浅。服装发展到现在，服装的廓形设计已没有多少创新余地，而细节设计的变化余地却可任由设计者驰骋。设计者在细节设计中可以寻找突破口，使设计独具匠心。

第二节　服装细节设计中的零部件

在整个服装设计过程中，廓形造型是依附在内部细节的基础上而完成的。零部件的细节设计对整个服装的外部造型起着点缀作用，如同建筑的外部造型是建立在内部钢筋框架结构上一样。因此，服装细节中的零部件设计对服装造型的最终构成起着重要的支撑作用。如果说服装造型设计是对服装整体进行的一种规划，那么细节设计中的零部件则可以将观赏者的视线从服装的外轮廓引导到服装的内空间上。设计者可以通过零部件的造型设计及面料工艺等细节，加强服装整体上的局部装饰性，使之成为服装整体造型中最为生动的一笔。服装的零部件是整体造型中最精致的部分，它在服装中不是孤立存在的，每个零部件的变化都会对服装的整体效果产生一定的影响。整体统辖局部，局部服从整体，这也是服装造型的重要法则，服装造型中的零部件设计充分体现出服装的功用性与审美性的有机结合。

一、服装零部件的定义

服装零部件又称服装的局部或细节，通常是指与服装主体相匹配、相关联的突出于服装主体之外的局部设计，是服装上兼具功能性与装饰性的主要组成部分，俗称“零部件”，如领子、袖子、口袋、袢带等。零件是指具有一定功能但不能再行拆分的局部。部件是指功能相同或相近的零件与零件的组合结果，是与服装主体相匹配和相关联的组成部分。

二、服装零部件的特征

零部件在服装造型设计中最具变化性且表现力很强，相对于服装整体而言，部件受其制约但又有自己的设计原则和设计特点。精致的零部件具有强烈的视觉效果，可以打破服装本身的平淡，在服装上起着统一与变化、适度而协调的形式美法则；体现时尚的流行趋势，使服装的分类更加具体化，品类更加多种化。

三、服装零部件的种类

服装上每一个具有一定功能的相对独立部分都可称为服装的零部件，如衣领、衣袖、衣袋、门襟、纽扣、袢带、腰头、前身、后身等。本节主要针对衣领、衣袖、衣袋、门襟、袢带这五大品类进行阐述。

四、服装零部件的设计

（一）领型设计

1. 概念

衣领是服装上至关重要的一个零部件，因为接近人的头部，映衬着人的脸部，起着衬托人脸型的作用，所以最容易成为观赏者视线集中的焦点。精致的领型设计不仅可以美化服装，而且可以美化人的脸部。衣领的设计极富变化，式样繁多，领型设计是款式设计的重点。尤其在女装设计中，领型是变化最多的部件(图 4-3)。

2. 分类

(1) 按领型结构分类——立领、平领、翻领、驳领、无领；

(2) 按领口线形分类——方领、尖领、圆领、不规则领；

(3) 按领型敞闭分类——开门领、关门领；

(4) 按领型高度分类——低领、中领、高领；

(5) 按领面形状分类——大领、小领；

(6) 按脸与颌的贴体度分类——紧领、宽领。

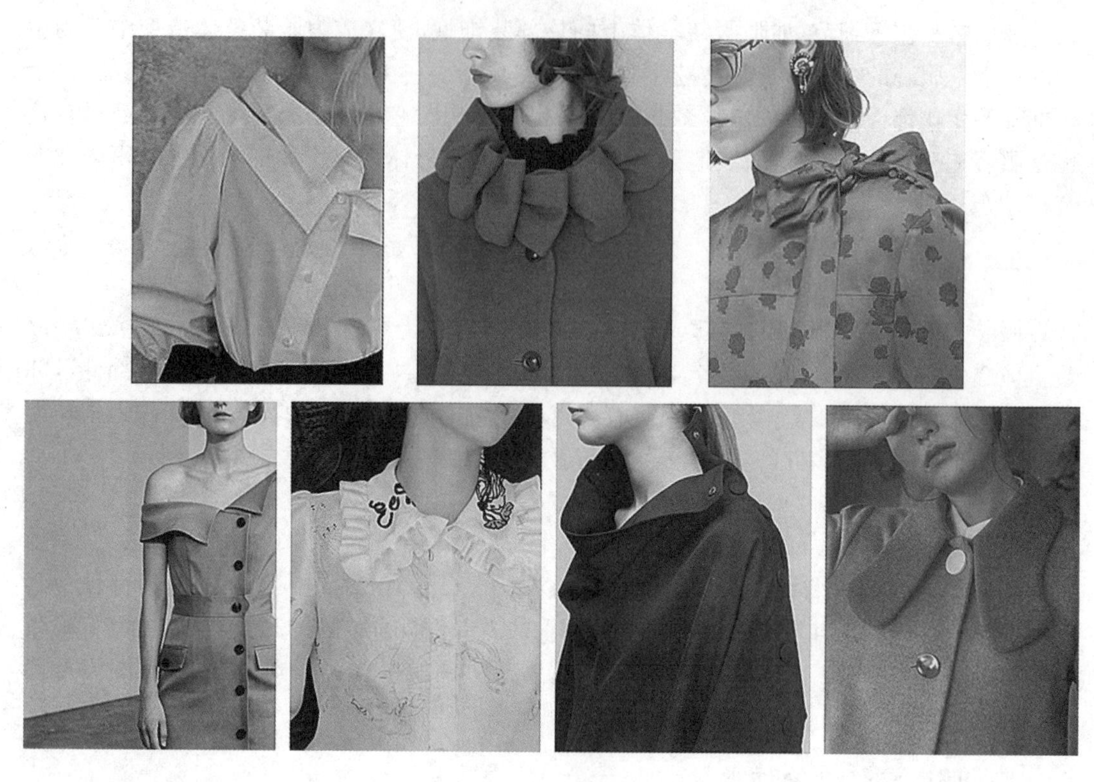

图 4-3　各类领型设计

3. 形式

(1) 立领

立领又称竖领,是指将衣领竖立在领圈上的一种领式(图 4-4)。立领在造型上具有较强的立体感,在功能上具有防风保暖的作用。

图 4-4　立领

(2) 平领

平领又称趴领,是指仅有领面而没有领台的一种领型。设计师可根据款式需要拉长或拉宽领型,或加边饰、蝴蝶结、丝带,还可处理成双层或多层效果等(图 4-5)。

图 4-5　平领

(3) 翻领

翻领是指领面外翻的一种领式。翻领的外形线变化范围非常自由,领角、领宽的设计空间度都很大;可与帽子相连,形成连帽领,还可加花边、刺绣、镂空等(图 4-6)。

图 4-6 翻领

(4) 驳领

驳领是指衣领与驳头连在一起,两侧向外翻折的一种领式(图 4-7)。驳领的设计要点在于领面的宽窄变化、串口线的高低、领与驳头的长短变化、领口开门的深浅变化、领边造型的线条变化这五个方面。

(5) 无领

无领是指只有领圈而无领面的一种领式(图 4-8)。无领适用于夏装,可以充分显示穿着者颈、肩线条的优美并且利于佩带装饰。无领的制作省料而且方便。

图 4-7　驳领

图 4-8　无领

4. 影响领型设计的因素

(1) 与穿着季节有关

夏季多选用无领、开门领和宽领(图 4-9);冬季多选用高领、立领、关门领和大翻领(图 4-10)。

图 4-9　春夏季多选用无领

图 4-10　秋冬季多选用大翻领

(2) 与穿着场合有关

职场中多选用立领、驳领、翻领和关门领(图 4-11);休闲时多选用翻领、开门领和大领(图 4-12)。

(3) 与织物材料有关

柔软型织物比较贴身,会均匀地自然下垂形成小圆弧褶裥,因而适合用来设计成波浪领、叠领、荷叶花边领等领式(图 4-13)。

硬质织物会形成直线轮廓造型,因而适合用来设计立领、驳领等领式(图 4-14)。

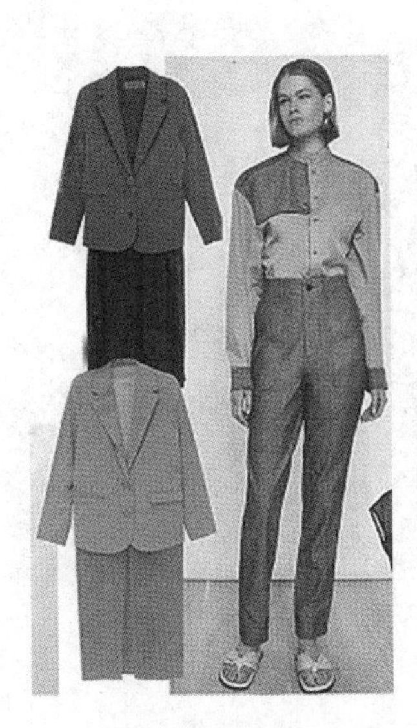

图 4-11　职场中多选用立领、驳领、翻领

图 4-12　休闲时多选用开门领和大领

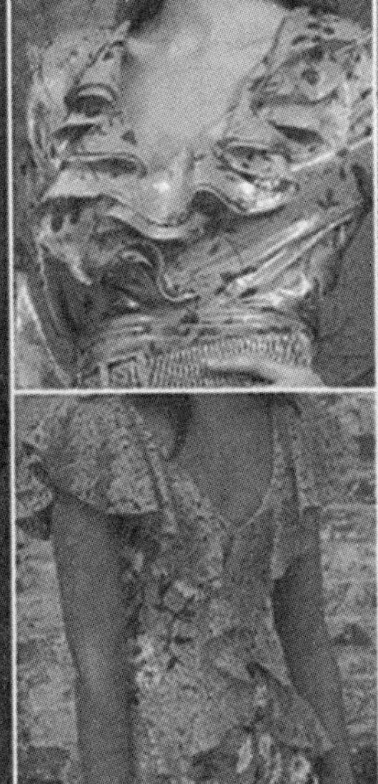

图 4-13　柔软型织物适合用来设计荷叶花边领

精纺型织物具有高档感，适合用来设计力求简练、做工考究的领式。

平纹型织物质朴、含蓄，适合用来设计一些青春可爱、休闲随意的领式。

光泽型织物则是艳丽、华贵的高级服装领型和表演服装领型的最佳用料。

图 4-14　硬质织物适合用来设计驳领

（二）袖型设计

1. 概念

袖型设计也是服装设计中非常重要的部分。衣袖是包覆肩和臂的服装部位，在服装风格的形成中占有特殊地位。衣袖是连接袖子与衣身的最重要部分，若设计不合理，就会妨碍人体运动。同时，衣袖是服装上较大的部件之一，其形状一定要与服装整体相协调。衣袖在设计中具有调节寒暑、美化装饰和体现时尚的作用。

2. 分类

袖型分为连身袖、圆装袖、插肩袖、无袖。

3. 形式

（1）连身袖

连身袖是指袖身、衣身连裁在一起的一种袖型(图 4-15)。连身袖的特点是裁制简便。因着装后产生二次成型的效果，故适宜于宽松、薄型的衣袖设计。

图 4-15　连身袖

（2）圆装袖

圆装袖又称西服袖，是指衣袖、衣身分开裁剪，再经缝合而成的一种袖型(图 4-16)。圆装袖的特点是符合人体肩、臂部位的曲线造型，立体感强，故而可设计出多种各具个性的款式。

（3）插肩袖

插肩袖又称连肩袖，是指袖身借助衣身的一部分而形成的一种袖型(图 4-17)。插肩袖的肩部和袖子连在一起，可以从视觉上增加手臂的修长感。插肩袖的特点是穿脱方便、穿着舒适，但实际制作中用料比较浪费。

图 4-16　圆装袖

图 4-17　插肩袖

(4) 无袖

无袖又称袖笼袖和肩袖，是指袖笼弧线的造型，是袖子的一种造型(图 4-18)。

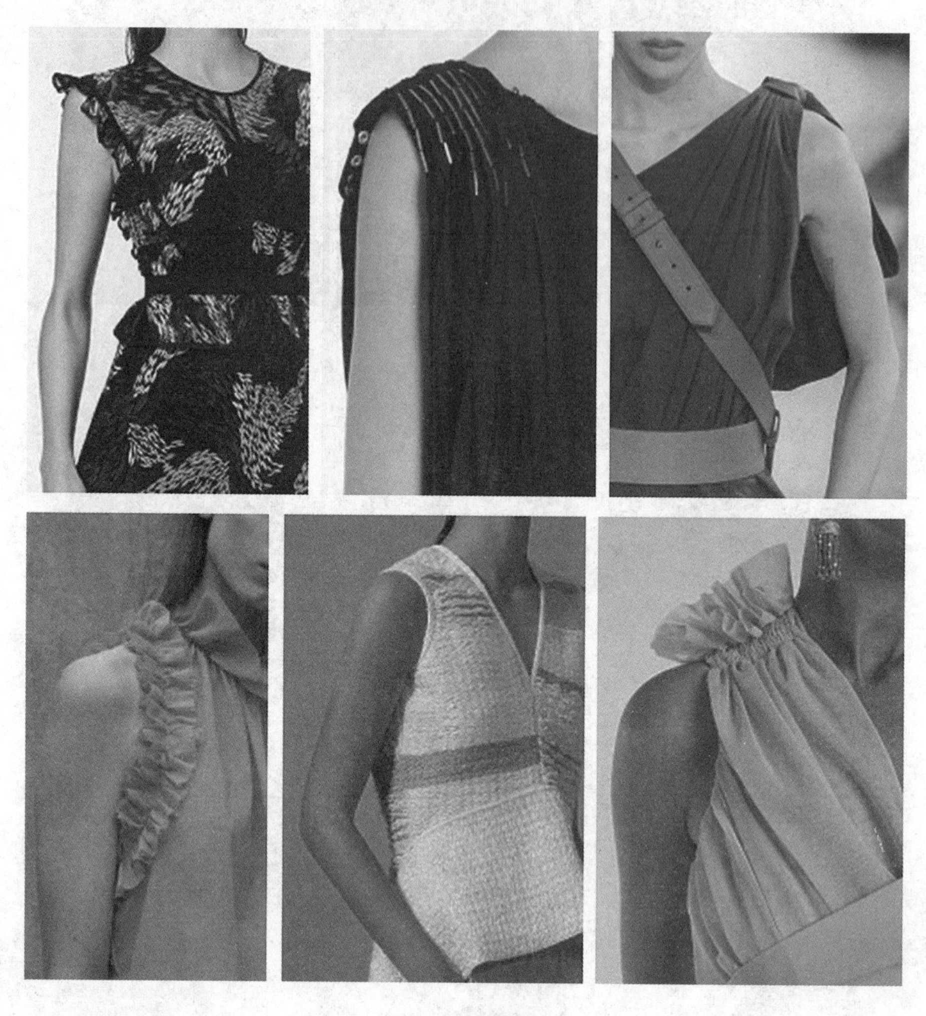

图 4-18 无袖

4. 影响袖型设计的因素

(1) 袖肩的造型

袖肩的造型主要指袖山的各种造型，它对服装造型的柔和性和挺拔性有着重要的影响。一般来说，圆弧型袖肩合体、挺拔、自然(图 4-19)；蓬松型袖肩自袖筒上部向下逐渐收窄，具有较强的审美性和现代感，因而在设计中多用于礼服造型(图 4-20)；插肩的造型可用来设计多种款式，是一种富于变化的袖型。

(2) 袖身的肥瘦

袖身包括袖长和袖肥。一般来说，连身袖、插肩袖、单片袖、直筒袖适用于柔和、轻松的服装(图 4-21)；双片袖、三片袖适用于正式、端庄的服装(图 4-22)。

图 4-19　圆弧型袖肩合体、挺拔、自然

图 4-20　蓬松型袖肩自袖筒上部向下逐渐收窄

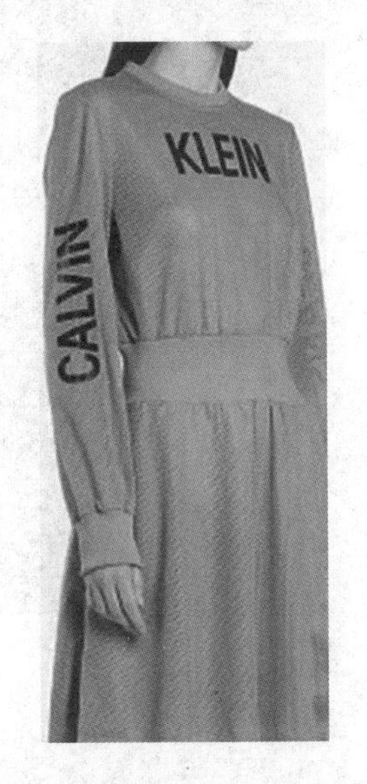

图 4-21　直筒袖适用于柔和、轻松的服装

图 4-22　双片袖适用于正式、端庄的服装

(3) 袖口的形状

一般来说,紧袖口包括螺纹袖口、克夫袖口、橡皮松紧袖口、收带袖口,这种袖口体现青春活力,便于活动,适用于夹克、运动装、衬衫、劳动服、职业服(图 4-23);中袖口大小合适,适用范围最广泛(图 4-24);宽袖口有喇叭形、盘形,宽大松弛,雍容华贵,适用于礼服造型(图 4-25)。

 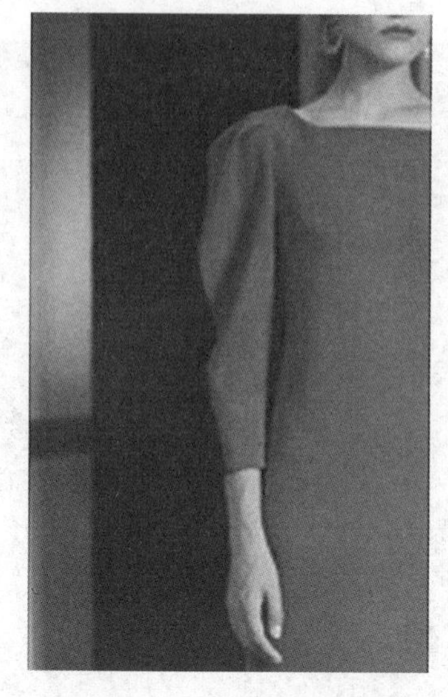 

图 4-23　紧袖口

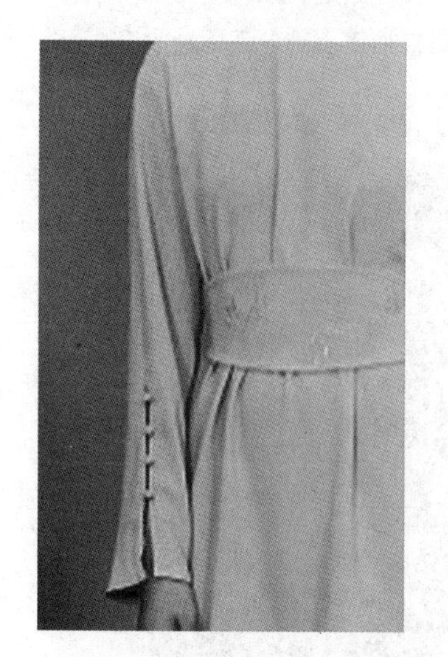  

图 4-24　中袖口

图 4-25　宽袖口

(4) 装饰手段的应用

① 配件——加缀纽扣、臂章、蝴蝶结、拉链等(图 4-26);

② 工艺——缉线缝、翻边、加带、绲边、褶裥(图 4-27)等;

③ 镶拼——同色同质、同色异质、异色同质、异色异质镶拼等;

④ 绣花——单色绣、彩绣、抽绣、电脑绣等;

⑤ 加袋——袋中袋、袋上袋等多袋时装。

 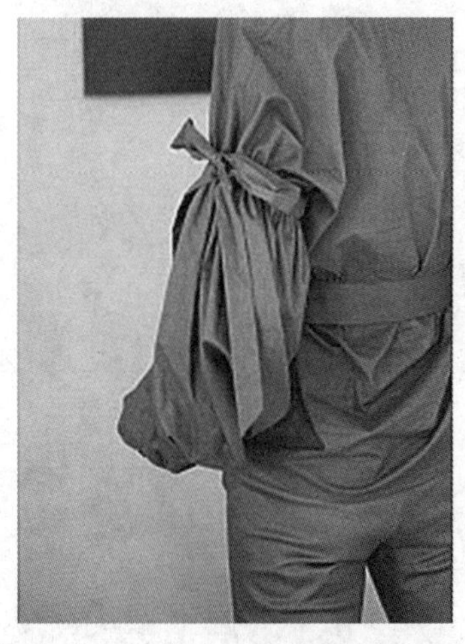 

图 4-26 袖身上缀蝴蝶结造型

图 4-27 袖身上进行褶裥造型

5. 袖型设计的相关因素

(1) 与整体风格的协调

一般来说,灯笼袖、泡泡袖适用于无领(图 4-28);圆装袖适用于立领、小翻领(图4-29)。

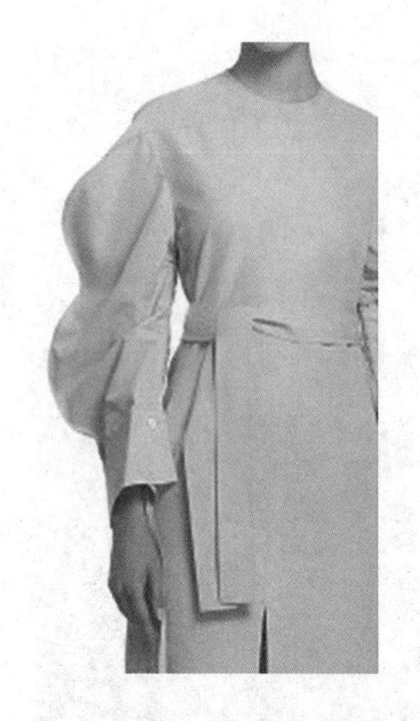

图 4-28　泡泡袖适用于无领

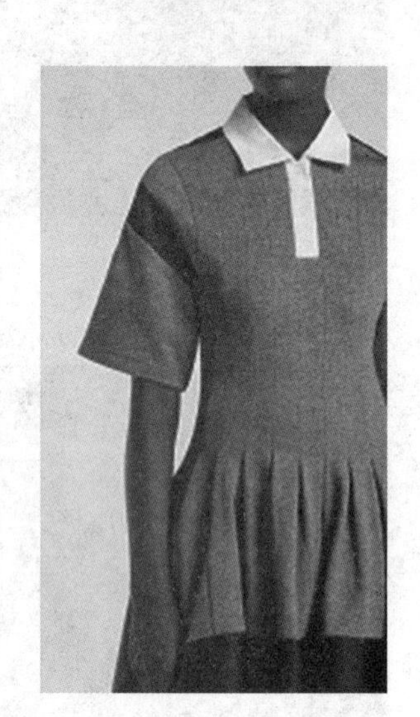

图 4-29　圆装袖适用于小翻领

（2）与肩型上肢的关系

一般来说，正常肩型适合各种袖型；溜肩适合灯笼袖、泡泡袖（图 4-30）；平肩适合连身袖、插肩袖（图 4-31）；左右高低不一的肩臂适合加垫肩的袖型。

6. 中西方袖型设计的特点

（1）中式服装多为平面结构的袖型，袖笼造型浅，着装后活动方便、舒适；缺点是双手下垂时腋窝处褶皱较多（图 4-32）。

（2）西式服装多为立体结构的袖型，袖笼造型深，着装后外观潇洒、流畅；缺点是装袖工艺较复杂，手臂上举时活动不便（图 4-33）。

图 4-30　溜肩适合灯笼袖

图 4-31　平肩适合插肩袖

图 4-32　中式袖型

图 4-33　西式袖型

（三）袋型设计

1. 概念

口袋俗称衣兜，分布在上衣、裤子、裙子等服装的各类单品中，具有储放物品的功能，是服装设计中重要的细部装饰之一。口袋既具有盛物的实用功能，又具有装饰美化服装的艺术价值，可以使服装造型日臻完美。

2. 分类

（1）按制作工艺分类——贴袋、挖袋、插袋；

（2）按用途分类——明袋、暗袋；

（3）按位置分类——上身袋、下身袋。

3. 形式

（1）贴袋

贴袋，是指贴附在衣服主体造型上的一种口袋造型（图 4-34）。贴袋分为直角贴袋、圆角贴袋、多角贴袋、风琴裥式贴袋。适用于中山装、猎装、牛仔装、工作装和童装之中。

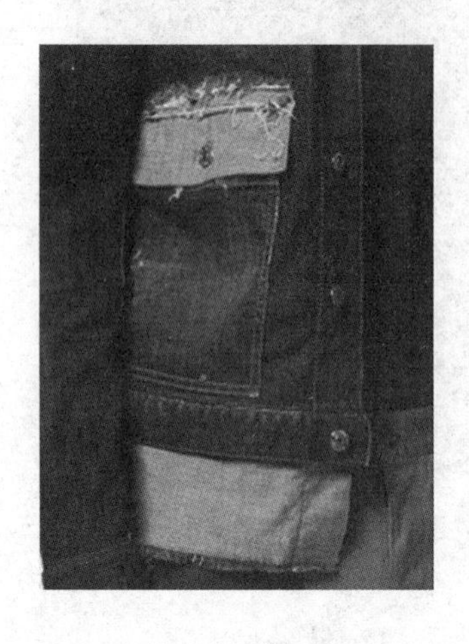

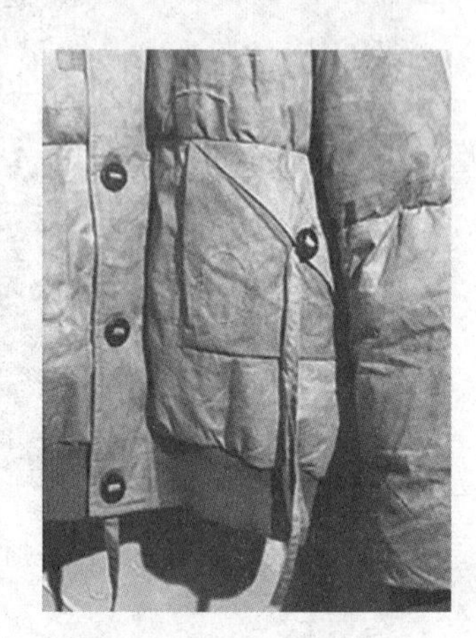

图 4-34 贴袋

（2）挖袋

挖袋，是指在衣片上裁剪出袋口尺寸，利用镶边、加袋盖、缉线制作而成的一种口袋造型（图 4-35）。挖袋分为横向挖袋、纵向挖袋和斜向挖袋。挖袋的特点是用色用料统一，能保持服装的外表光挺。

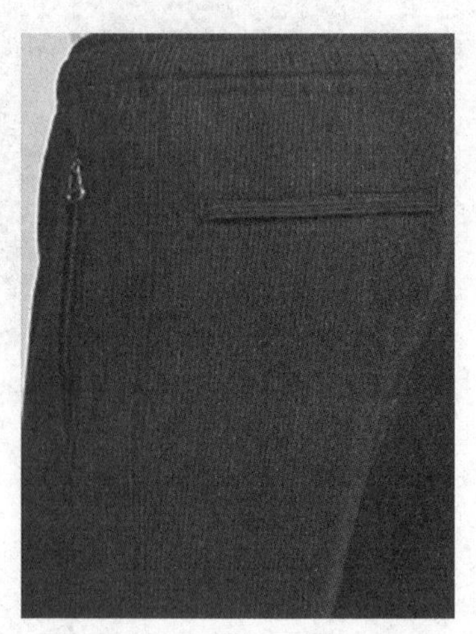

图 4-35 挖袋

（3）插袋

插袋又称暗插袋、夹插袋，是指在衣服缝中制作的一种口袋造型（图 4-36）。插袋的特点是可缉明线、加袋盖、镶边条；袋盖可采用同质面料、异质面料或异色面料。插袋多用于衣身侧线、公主线、裤缝线上。

 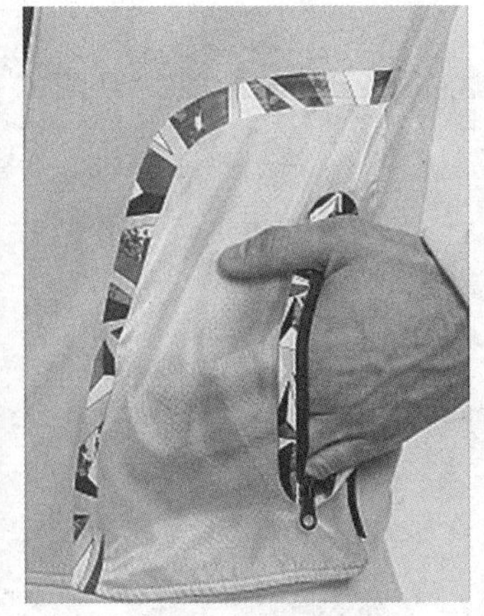 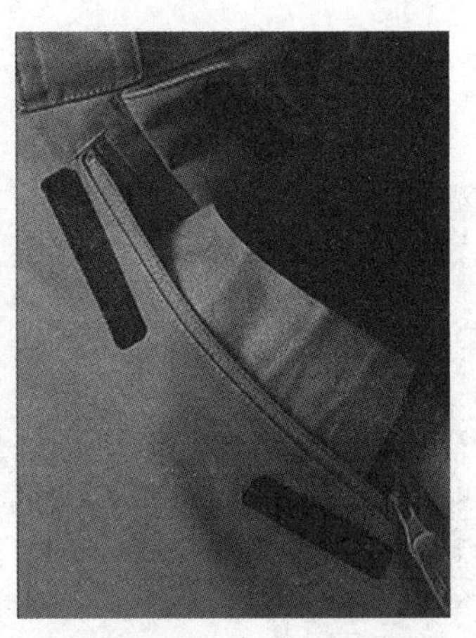

图 4-36　插袋

(4) 明袋

明袋,是指在衣服主体上显现的一种口袋造型(图 4-37)。

 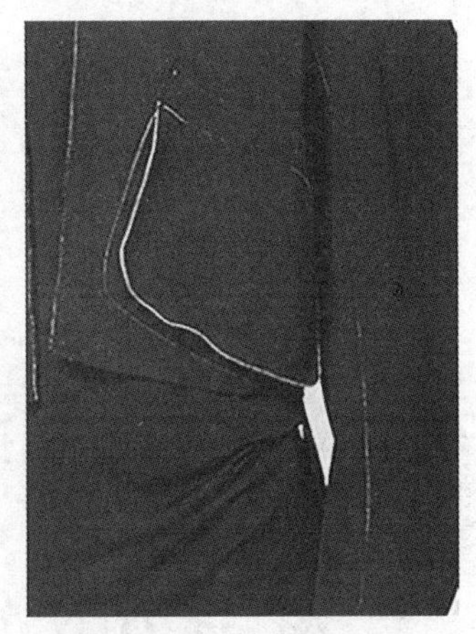 

图 4-37　明袋

(5) 暗袋

暗袋又称内袋,是指缝制在衣服里面的一种口袋造型(图 4-38)。

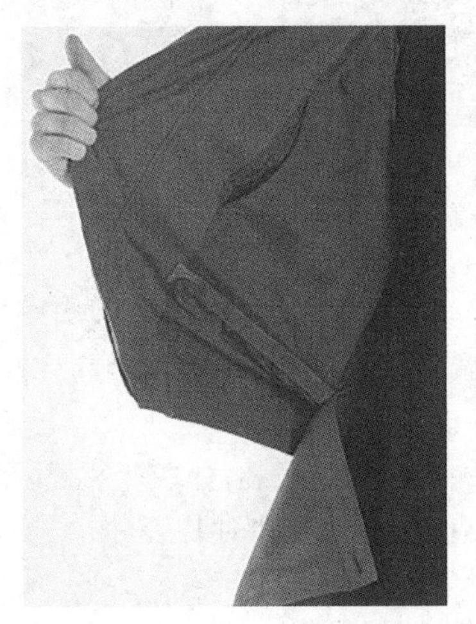 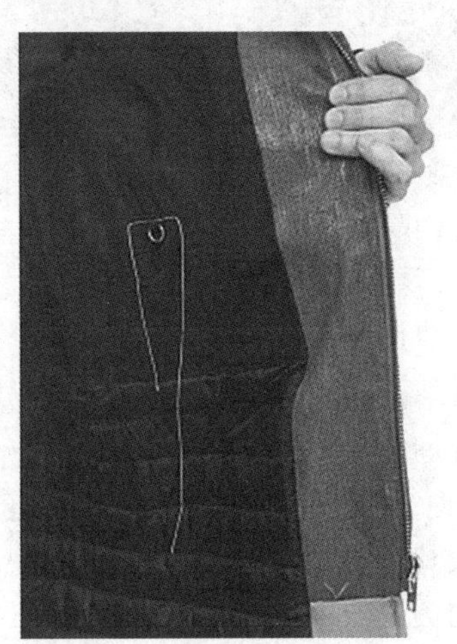

图 4-38　暗袋

(6) 上身袋

上身袋是指胸部两侧和腹部两侧的一种口袋造型(图 4-39)。上身袋的使用功能较强。

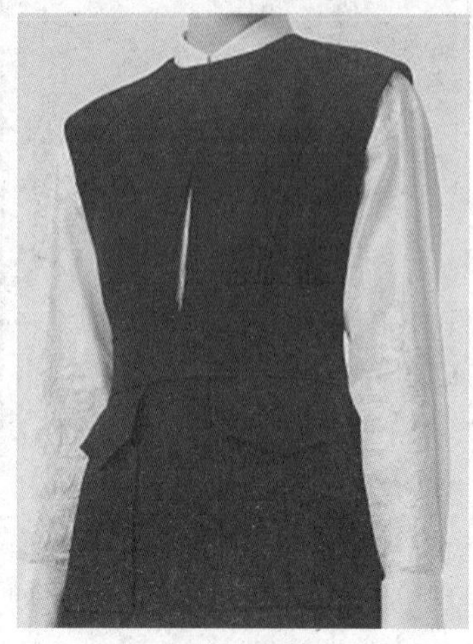

图 4-39　上身袋

(7) 下身袋

下身袋是指胯部两侧或前侧、臀部两侧的一种口袋造型(图 4-40)。下身袋的装饰功能较强。

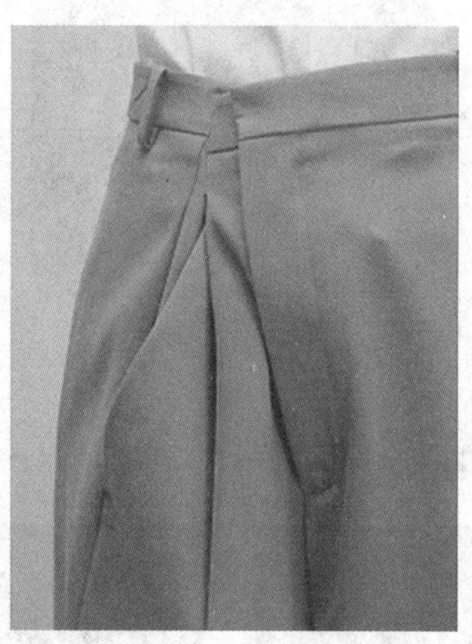

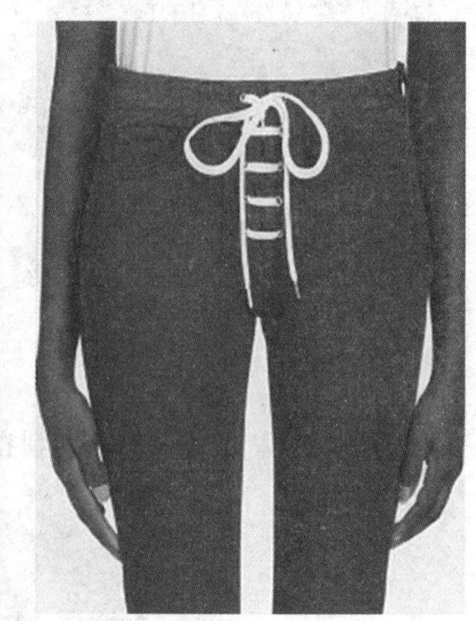

图 4-40　下身袋

4. 影响袋型设计的因素

(1) 口袋的协调性

在不改变服装造型的情况下,口袋的位置进行上下移动和大小缩放;保持口袋外形与主体造型的统一;保持袋盖与盖体造型的统一。

一般来说,挖袋和贴袋适用于给人以庄重、严肃感的服装,如职业装等(图 4-41);插袋、假袋和装饰袋适用于潇洒、活泼的服装,如夹克装、运动装和时装等(图 4-42);儿童装中多使用各种造型可爱的贴袋(图 4-43)。

图 4-41　挖袋适用职业装

图 4-42　插袋适用运动装

图 4-43　贴袋适用童装

利用口袋的色彩来协调服装的整体色调，保持口袋色彩与主体色系一致或者衣领、袖克夫、袋盖的统一配色（图 4-44）。在面料的运用和处理上，尝试通过口袋来达到丰富整体造型肌理效果的功效。

图 4-44　利用口袋的色彩来协调服装的整体色调

（2）口袋的装饰性

在口袋上缉明线（图 4-45）；运用挑、补等绣花工艺（图 4-46）；改变口袋的结构工艺；在口袋上附加装饰物，例如死褶，活褶，镶边，加拉链、蝴蝶结、花结等；将口袋做成袋中袋、袋上袋或者立体结构（图 4-47）。

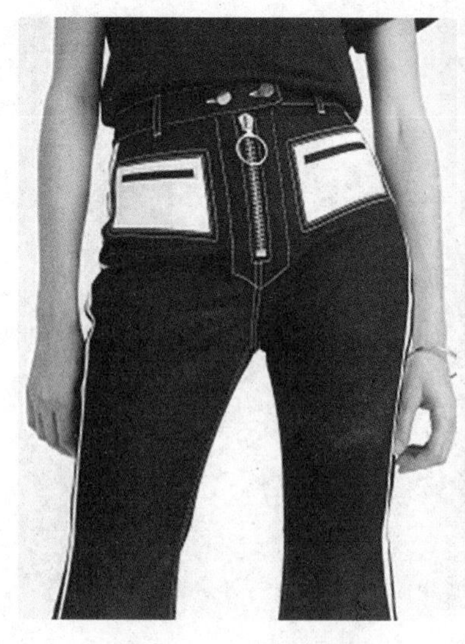

图 4-45　口袋上缉明线

图 4-46　口袋上绣花

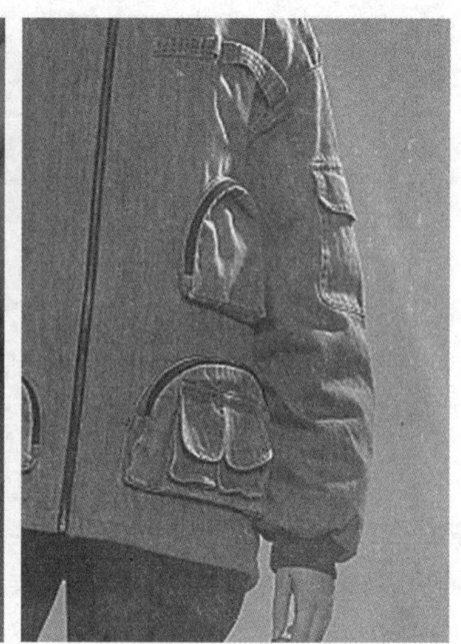

图 4-47　立体袋

（四）门襟设计

1. 概念

门襟又称搭门，是指服装的一种开口形式，一般呈几何直线或弧线状态。门襟不仅具有便于穿着的功能，而且如果能够结合适当的装饰工艺和配饰品，也可以成为设计变化的重点，是服装上重要的装饰部位之一。

2. 分类

门襟分为明门襟、暗门襟、正门襟、偏门襟、对合襟。

3. 形式

(1) 明门襟

明门襟是指明扣在外面，止口处有明显搭痕的一种设计造型（图 4-48）。

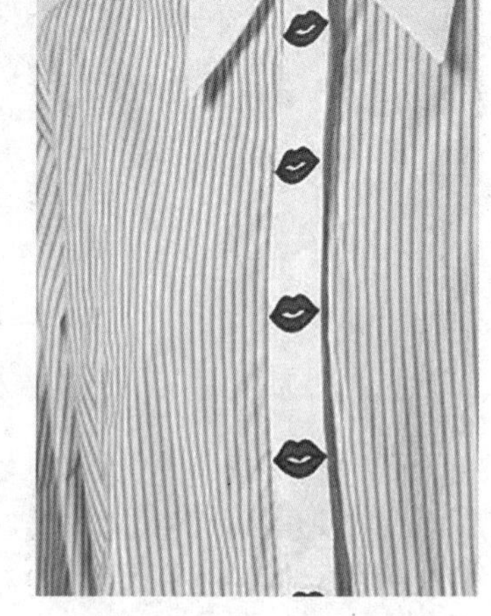

图 4-48　明门襟

(2) 暗门襟

暗门襟是指纽扣在搭门里面，呈现暗扣形式的一种设计造型(图 4-49)。

图 4-49　暗门襟

(3) 正门襟

正门襟是指门襟两侧对称，给人以严肃、有条理感的一种设计造型(图 4-50)。

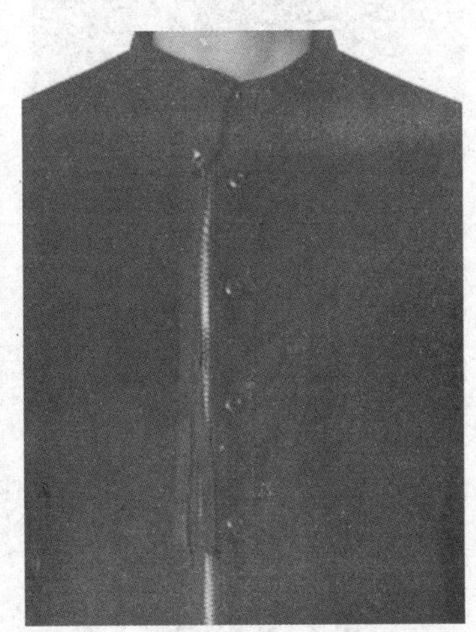

图 4-50　正门襟

(4) 偏门襟

偏门襟是指呈现不对称形式，具有活泼感的一种设计造型(图 4-51)。

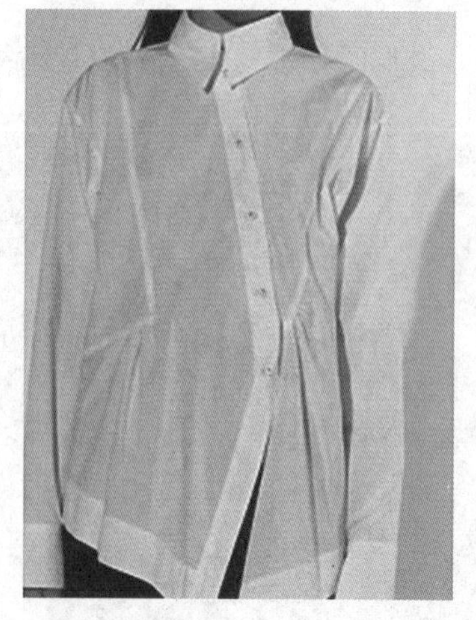

图 4-51　偏门襟

(5) 对合襟

对合襟是指连接处无叠门，左右衣身相对，用扣袢或拉链等零部件连接的一种设计造型(图 4-52)。

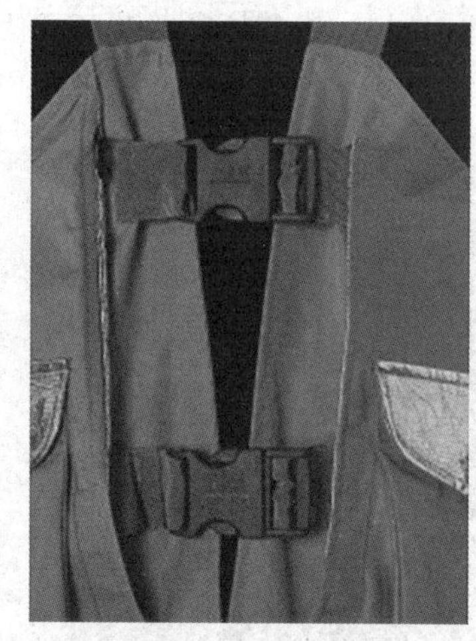

图 4-52　对合襟

4. 影响门襟设计的因素

(1) 与脸型、领型的呼应

门襟与衣领直接相连，门襟的造型设计应来源于领型的设计，而领型的设计又应来源于着装者的脸型特点，三者在设计上具有连贯性。

(2) 与整体风格的呼应

门襟的设计需与其他局部装饰相统一。通常而言，正门襟产生严肃的视觉性(图 4-53)，而偏门襟产生活泼的视觉性(图 4-54)。在后背开襟与肩上开襟可以突出着装者的个性美。

图 4-53　正门襟产生严肃的视觉性

图 4-54　偏门襟产生活泼的视觉性

(3) 分割的衣片的比例美

门襟的设置必然造成对衣身的分割，因此在进行门襟的设计时，一方面要注意到着装者的穿脱方便性和舒适性，另一方面也要注意各衣片之间的比例关系，保持整体上的比例美。

(五) 袢带设计

1. 概念

袢带是指附加在服装主体上的长条形部件，多以纽扣进行固定连接，起着收缩和装饰的作用。近几年随着休闲装的盛行，袢带设计被广泛应用到了服装之中，不仅具有一种补充服装实用性的功能，还具有强烈的装饰审美性。

2. 分类

袢带有肩袢、腰袢、下摆袢、袖口袢等。

3. 形式

(1) 肩袢

肩袢是指设置在服装肩线上的一种袢带造型。多用于男装或具有男性风格的女装之中，并对溜肩、窄肩起着弥补性的视错作用，能增加肩部的宽阔感，强化男性的英武气概(图 4-55)。

(2) 腰袢

腰袢是指设置在服装前腰及后腰处的一种袢带造型。多用于女外套或裙腰、裤腰等部位，能突出人体的腰部美感，装饰服装的整体造型(图 4-56)。

图 4-55 肩袢

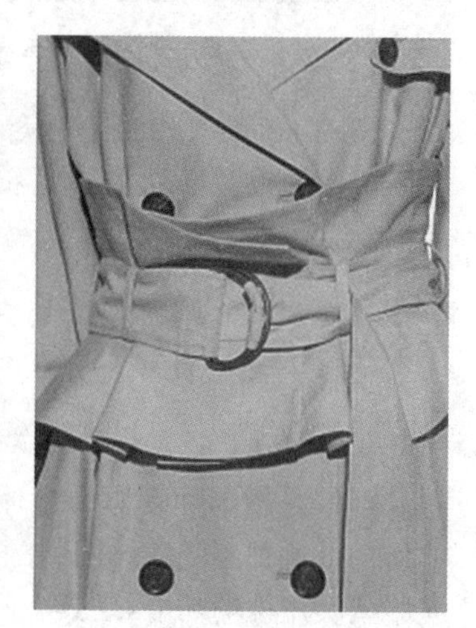

图 4-56 腰袢

(3) 下摆袢

下摆袢统指设置在上衣前下摆及后下摆的一种袢带造型。多用于夹克衫和工作服中(图 4-57)。下摆加袢常与收褶相结合,使服装整体呈现 V 字形,加强男性特征,便于活动和工作。

(4) 袖口袢

袖口袢是指设置在服装袖口处的一种袢带造型。多用于风衣和夹克中,便于工作、活动,增加装饰美观(图 4-58)。

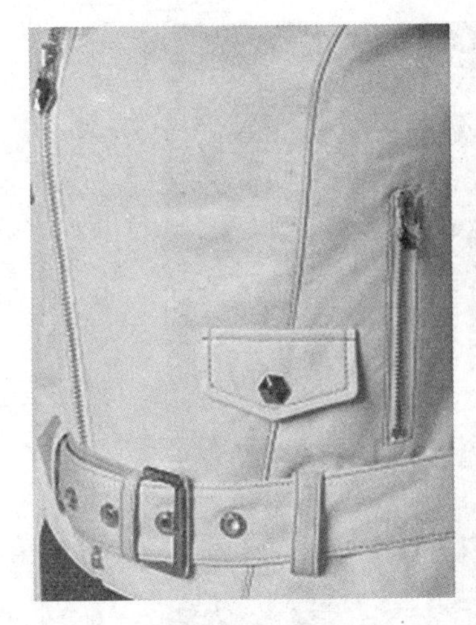

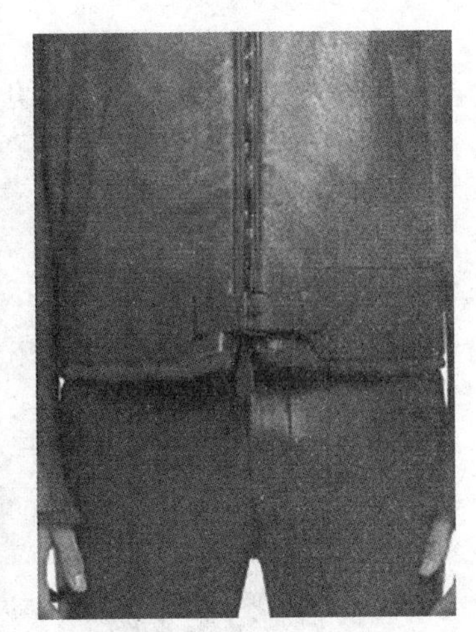

图 4-57　下摆袢

图 4-58　袖口袢

4. 影响袢带设计的因素

(1) 与整体风格的统一

具有面特征的宽袢带体现粗犷、刚强、威武和坚固的特质(图 4-59);具有线特征的窄袢带体现秀丽、柔和的特质;绳状、编织的袢带体现潇洒、轻松、浪漫、别致的特质(图 4-60)。

(2) 与局部细节的协调

在服装中袢带所占的位置、面积与长度都会与服装的其他局部细节,如衣领、衣袖、衣袋等形成对比。因此,要注意处理好它们之间的对比关系,达到整体上的一种相互协调的关系。

图 4-59　宽袢带体现粗犷的特质

图 4-60　绳状袢带体现浪漫的特质

第三节　服装细节设计中的线条

线条是设计完成后产生的着装形象和形体塑造中的一个主要构成因素。对于服装设计作品而言，线条语言的重要意义并不仅仅在于构成服装的轮廓，更在于它可以同着装者的心理感受搭建起直接的联系。线条自身具有独立的存在价值和意义。服装中存在的各种线条，无论是对人体形体优美的表现还是对形体缺陷的修正，都能够引发穿着者的自信与愉悦，而面料中的图案线条和肌理线条，以及不同搭配组合后产生的各种线条，则更能激发观赏者不同的生活联想和美好回忆。廓形设计是对服装整体进行的一种规划，而线条分割产生的内部布局则是将观赏者的视线从服装的外轮廓引向内空间，服装内部也因此具有了装饰审美效果。服装设计中省道、褶裥和剪缉线等的巧妙应用，既增强了人体穿着和使用的舒适性，又协调了服装设计的整体效果，并形成作品自身独特的艺术风格，使服装的设计更具实质性。

一、服装结构线的定义

服装结构线是在满足审美视觉的基础上，根据人体形态和运动的功能性要求，在服装上做出的衣片切割线处理，即指体现在服装的拼接部位，构成服装整体形态的各种线条，主要包括省道线、开刀线、褶裥等。

善于运用服装造型设计中的结构线，是一个时装设计师与一个时装画家的区别所在。回顾时装发展史中的许多经典佳作，它们都在于大师们恰到好处地利用了结构线的设计。服装造型设计也是通过对这些线条的运用来构成各种繁简、疏密有度的形态，并利用服装美学的形式法则，创造出优美适体的衣着款式。

二、服装结构线的特征

服装的结构线具有塑造轮廓外形、适合人体体型和便利制作加工的特点。服装结构线是依据人体及人体运动的需要而设定的，服装中的省道线、开刀线、褶裥线虽然外观形态各不相同，但在构成服装时的作用却是一致的，就是使服装各个零部件结构合理、形态美观，达到适应人体、美化人体的效果，因此结构线首先具有舒适、合身、便于行动的性能。在此基础上，结构线还能使服装形成装饰美感与和谐统一的风格。服装的结构线通过巧妙的转移和拼接处理，在保证美观的前提下，既保证了服装的立体结构，又实现了优美合体的衣着效果(图 4-61)。结构线还能通过对服装结构的影响和表观，来显现和塑造服装的个性风格，如色彩变化进行的结构线造型(图 4-62)。

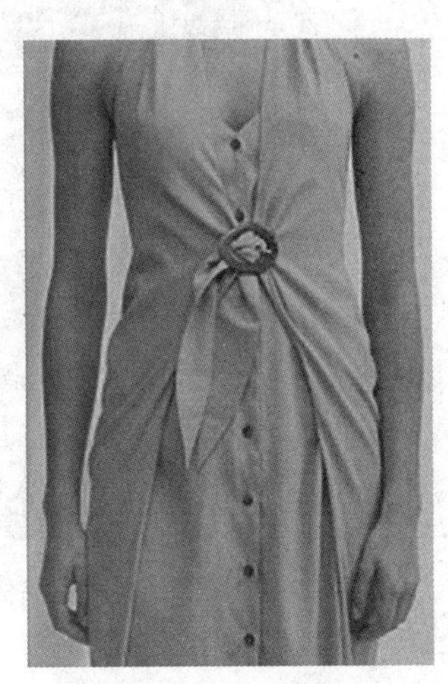

图 4-61　由省道变化进行的结构线造型

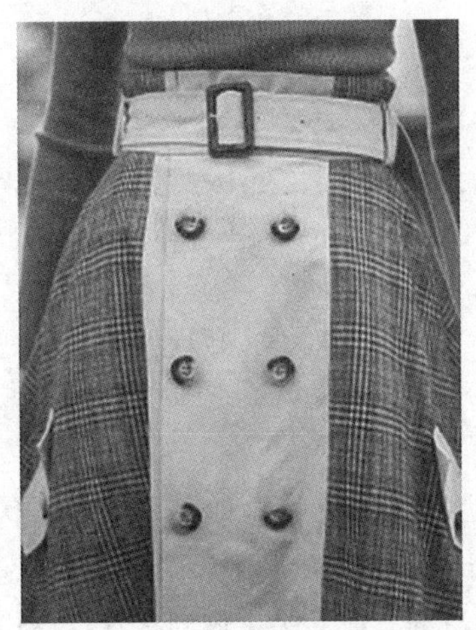

图 4-62　由色彩变化进行的结构线造型

三、服装结构线的种类

服装结构线的种类主要包括省道线、开刀线、褶裥等。

结构线不论繁简都可归纳为直线、弧线和曲线三种。直线给人以单纯、简洁之感(图 4-63),显现一种男性的刚毅和挺拔;弧线显得圆润均匀而又平稳、流畅,动感较强(图4-64);曲线具有轻盈、柔和、温顺的特性,适宜表现女性美,如抛物线、螺旋线等。

图 4-63　直线分割造型给人以单纯、简洁之感

图 4-64　弧线分割造型给人以平稳、流畅之感

四、服装结构线的设计

(一) 省道

1. 概念

省道是把面料披覆在人体上,根据形体起伏变化的需要,把多余的面料省去,制作出适合人体形态的衣服。省道是围绕某一最高点进行转移的,形状为三角形。

2. 分类

省道有胸省、腰省、臀位省、后背省、腹省、手肘省等。

3. 形式

(1) 胸省

胸省是以胸部乳房的最高点为中心,向四方做省道,因处于前胸部位,故称为胸省(图 4-65)。胸省可根据造型设计的需要,通过合适的省位表现,进行多种形式的变化。在女装中,胸省是关键的造型因素,有时,为了保持胸部衣料纹样的完整,或使前胸的曲线起伏更为突出优美,也常运用腰省进行配合造型(图 4-66)。

图 4-65　依托胸省进行的造型设计

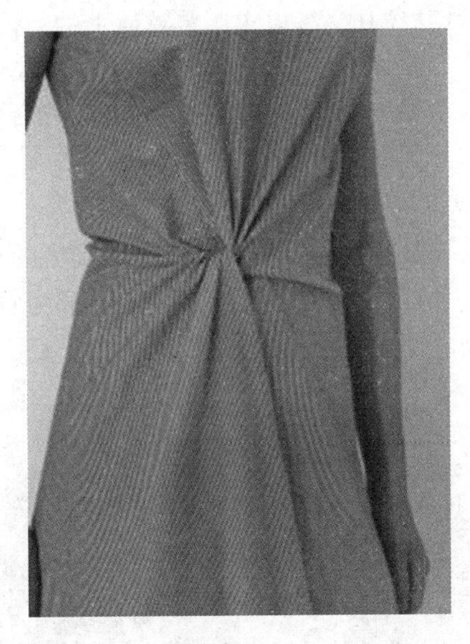

图 4-66　依托腰省进行的结构造型

(2) 臀位省

人的体型特点是腰部较细，臀部较宽，后臀丰腴突起，小腹微微隆出，尤其体现在女性形体之中。因此，为了达到裙装和裤装在腰部的结构美观，就必须在腰部、臀部以及腹部进行省道处理(图 4-67)。连衣裙因上衣与下裙相连，故上衣的胸省、腰省与裙子的臀位省也就连接为一体，例如公主线的设计。

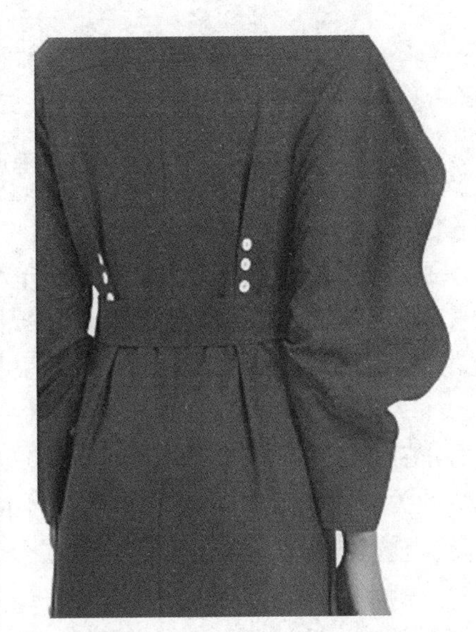

图 4-67　裙装的臀位省

(二) 开刀线

1. 概念

开刀线又称分割线、剪缉线。开刀线是从造型美的需求出发，把衣服分割成几个部分，然后缝制成衣，以求服装整体上的适体和美观。

2. 分类

开刀线分为垂直分割、水平分割、斜线分割、曲线分割、曲线的变化分割、非对称分割。

3. 形式

(1) 垂直分割

服装的垂直分割具有强调高度的作用，给人带来修长、挺拔的感官效应(图 4-68)。垂直分割往往与省道结合运用，或成为省道的延伸变换，例如公主线。由于视错觉的影响，分割的面积越窄，看起来越显得细长；反之，分割的面积越宽，看起来就越显得粗短。

图 4-68　垂直分割

(2) 水平分割

服装的水平分割具有强调宽度的作用，给人带来平衡、连绵的感官效应(图 4-69)。横向分割越多，服装越富律动感，故在设计中，常使用横向开刀线作为装饰线，并加以绲边、嵌条、缀花边、加荷叶边、缉明线或不同色块相拼等工艺手法，来获取生动美好的服饰美感。

(3) 斜线分割

斜线分割的关键在于倾斜度的把握，斜度不同则外观效果不同(图 4-70)。由于斜线的视觉移动距离比垂直线的长，接近垂直的斜线分割的高度感比垂直分割的更为强烈；而接近水平的斜线分割则高度感降低、幅度见增。45°的斜线分割具有掩饰体型的作用，对胖型或瘦型人体都很适宜。设计服装时使用斜向开刀线是隐藏省道最巧妙的方法。一般情况下，人们只注意斜向的服饰效果，而忽略在斜线内的省道，因此斜线分割使服装贴身合体，造型优美，富于立体感。

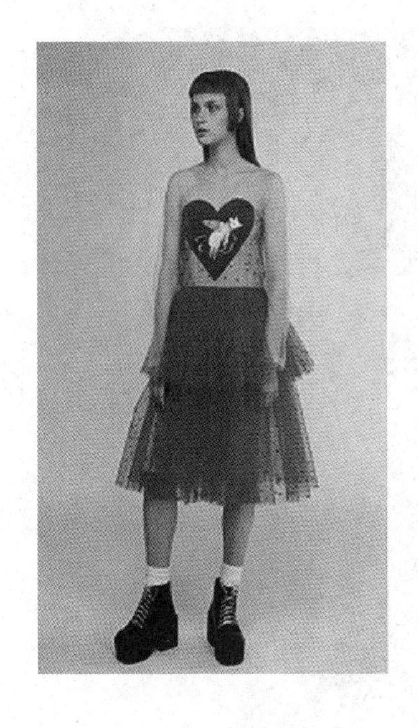

图 4-69　水平分割

图 4-70　斜线分割

（4）曲线分割

曲线分割与垂直分割、水平分割的原理相同，只是连接胸省、腰省、臀位省道时，以柔和优美的曲线取代短而间断的省道线，具有独特的装饰作用（图 4-71）。人体是个起伏有致的圆锥体，利用视错效应，可将曲线分割运用得十分巧妙自然，从而产生优雅别致的美感。

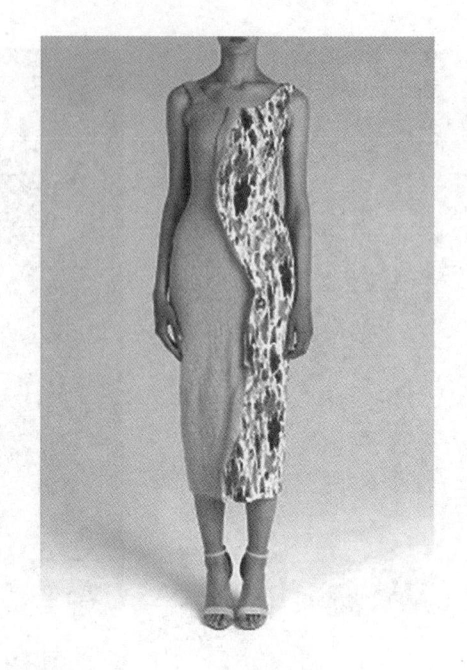

图 4-71　曲线分割

(5) 曲线的变化分割

这是一种结合人体的省道，将曲线分割与垂直线、水平线、斜线交错使用的分割方法，使人感到柔和、优美、形态多变(图 4-72)。将这些具有装饰性的曲线变换色彩或以不同的织物面料相拼，则会产生活泼生动、情趣盎然的强烈效果。使用曲线变化分割须注意面料的质地与组织。组织过松的斜向布纹，其布边易散开或卷边；布质过薄或悬垂性强的织物易因缝线与织物的牵引力不均造成服装不平整。因此，这些均不宜使用这类分割形式。

图 4-72　曲线的变化分割

（6）非对称分割

非对称分割的设计，通常所见只是色彩和局部造型的非对称变化（图4-73）。在平稳中求变化，能使人感到新奇、刺激，因此，巧妙地运用省道和开刀线，可以使服装款式呈现丰富多姿的变化。

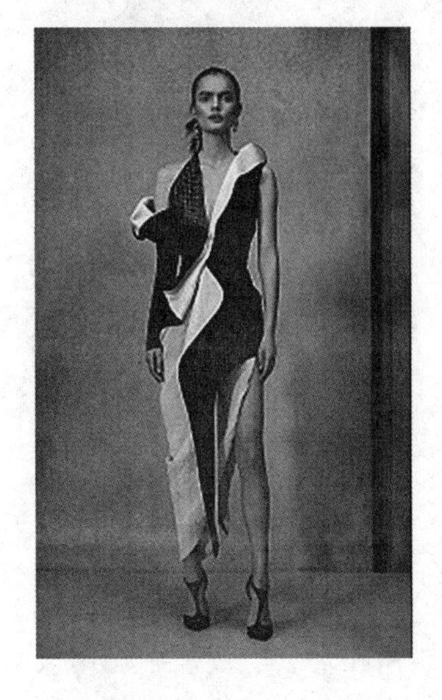

图4-73　非对称分割

（三）褶

1. 概念

褶是将布料折叠缝制成多种形态的线条状，外观富于立体感，给人以自然、飘逸的印象。褶在服装中的运用十分广泛，男装夹克衫、衬衫，女衣裙装，以及各式童装，常见不同褶的使用。褶是服装结构线的又一种形式。

2. 作用

褶使服装具有一定的放松度，以适应人体活动的需要，并修饰体型的不足，同时亦可作为装饰之用。

3. 分类

褶分为褶裥、细皱褶、自然褶。

4. 形式

（1）褶裥

褶裥是把布折叠成一个个的裥，经烫压后形成有规律、有方向的褶（图4-74）。褶裥有顺褶、工字褶、缉线褶（明线褶、暗线褶）之分。褶的线条刚劲、挺拔、潇洒、节奏感强。褶裥的适用范围较广，瘦高型的人穿着后显得更为修长苗条；粗壮的女性穿着后则可以增加其垂直分割的效果，减弱宽度；矮瘦的人也可以用褶裥来遮掩瘦弱的体型。

图 4-74　褶裥

(2) 细皱褶

细皱褶是以小针脚在布料上缝好后，将缝线抽紧，使布料自由收成细小的皱褶，这种褶形成的线条给人以蓬松柔和、自由活泼的感觉(图 4-75)。细皱褶在女装与童装中运用极多，也极富变化。细皱褶自由流动的线条具有别致的装饰作用。橡筋皱也是细皱褶的一种形式，它通过橡筋的收缩形成皱褶，也可用橡筋线作车缝底线收褶，具有松紧自如的特点。

图 4-75　细皱褶

(3) 自然褶

利用布料的悬垂性及经纬线的斜度自然形成的褶称为自然褶(图 4-76)。常用的波浪褶即是一种自然褶，如 360°的圆台裙，以中心小圆作为裙腰，外围大圆自然下垂形成生动的波浪状的褶,褶纹曲折起伏,优美而流畅。自然褶的另一种形式是仿古希腊、古罗马的服装,把布自由地披在人体上,利用布料的波折自由收褶,褶纹随意而简练。这种即兴发挥的立体裁剪方法在现代服装设计中亦常有应用,风格洒脱自由。

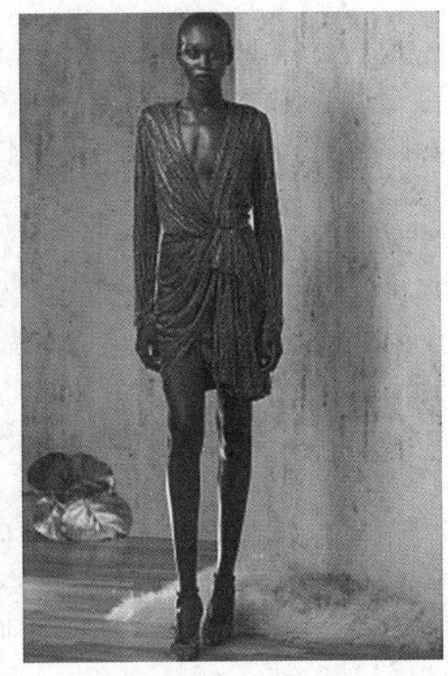

图 4-76　自然褶

第四节　服装细节设计中的装饰

在服装美的整体设计效果中,装饰往往是美化服装的重要手段。设计师除了把握服装的造型特点、材料特性及色彩的运用之外,还经常把工艺装饰作为重要环节,有些服装效果几乎完全通过装饰来加以表现。服装和其他艺术形式一样也需要装饰,装饰不仅可以使服装整体美得以“升华”,也是突出设计理念和个性的重要途径,而装饰工艺在整个服装美的表现中更是司空见惯,尤其为成衣设计师所钟爱。单纯的装饰线虽然在理论上不能归为结构的范畴,但其线条存在方式通常显示着类似结构的某些特征,并在造型上模糊着人们的识别,这在平面构成的服装设计中已经被广泛采用。

一、服装装饰的定义

服装装饰就是在服装上添加附属的物品或利用某些工艺技法,以改变服装的固有面貌,使其增益、更新、美化的一项制作形式。装饰的手段既可以是利用一定的装饰材料进行某种装饰,也可以是利用一些工艺方法与技术进行加工,如扎染、蜡染等。服装的装饰工艺作为服饰设计中的一种艺术,它可以完美地体现人的仪表、风采与礼节,还能展示人们的精神世界,反映各种社会伦理观念。而就服装本身的价值而言,装饰不仅可以全面提高服装的附加值,而且从商业角度来看也会使消费者产生浓厚的兴趣。

二、服装装饰的特征

（一）点缀功效

装饰的最大功效就是对服装进行修饰、点缀，使原本单调的服装在视觉上加强层次感，形成格局和色彩上的变化，或使原本就颇具个性的服装更加精彩夺目。融合于整体感中的装饰工艺，不仅能渲染服装的艺术气氛，更能够提高服装的审美品质。

（二）矫正功效

服装的款式可以从视觉上起到矫正、遮盖人体某些缺陷的作用，装饰工艺也具有这种矫正的功效。装饰可通过自身的组织结构、装饰部位或色彩对比造成一种“视差”效果，以调节穿着者形体的某些缺陷或服装本身的不平衡、不完整感。

（三）象征功效

装饰的象征功效超出审美功效。装饰作为一种体现文化精神和人文观念的载体，很好地体现了设计师的创作理念，以及希望通过作品所要传递的精神内涵。在很多情况下，设计师选用或设计的图案完全是借助于服装来达到某种象征的目的。

（四）实用功效

不少服装的装饰手法与实用功能紧密结合，以其特定的功效起到一种加强的作用。如服装上常见的口袋、纽扣、绳带、搭袢等，以及在膝、肘等处的装饰和绲边处理等，往往既有美化功效，又有连接、加固的实用功效。

三、服装装饰的种类

（一）刺绣

刺绣是在机织物、编织物、皮革上用针和线进行绣、贴、剪、镶、嵌等装饰的一类技术总称(图 4-77)。根据所用材质和工艺的不同，刺绣又分为彩绣、白绣、黑绣、金丝绣、暗花绣、网眼布绣、镂空绣、抽纱绣、褶饰绣、饰片绣、绳饰绣、饰带绣、镜饰绣、网绣、六角网眼绣、贴布绣、拼花绣等。

（二）装饰缝

装饰缝主要是在面料上通过各种工艺技法的运用，使平面的面料产生出不同的肌理效果。例如可以用叠加方式表现浮雕效果(图 4-78)，也可以用分离方式表现镂空效果。常见的装饰缝有绗缝、皱缩缝、细褶缝、裥饰缝、装饰线迹接缝等装饰工艺。

图 4-77　刺绣

图 4-78　叠加方式表现浮雕效果

（三）其他装饰工艺

其他装饰工艺主要包括蕾丝、毛皮、腰带、镶边等装饰工艺(图 4-79)。

图 4-79　蕾丝

四、服装装饰的设计

（一）镶绲嵌荡

镶绲嵌荡是一种布边的处理方法。它通过镶边、嵌线、绲边、荡条等装饰手法，把装饰布条夹在两层布之间，或贴于服装表面，主要运用于领口、领外围、袖口、门襟、下摆、袋盖等部位(图 4-80)。

图 4-80　镶绲嵌荡工艺

（二）线迹工艺

服装中线迹的运用几乎随处可见，缝纫线除缝合功能外，还起着一定的装饰作用。线迹工艺是一种典型的装饰手段(图 4-81)，它不仅可以展现设计效果，还可以体现成衣的工艺水平。缝纫线的色彩、原料及粗细，在装饰中起着不同的效果。

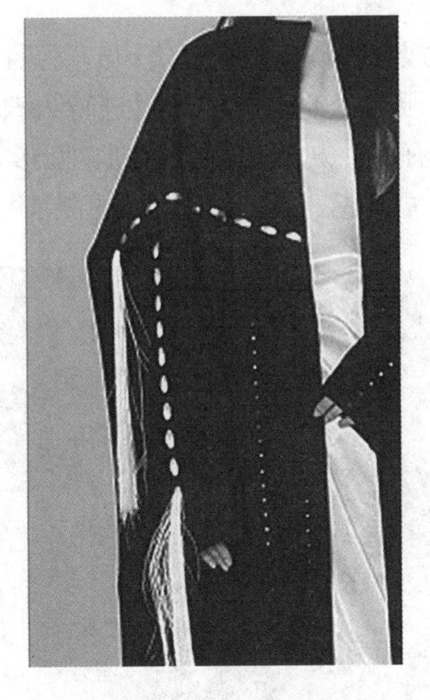
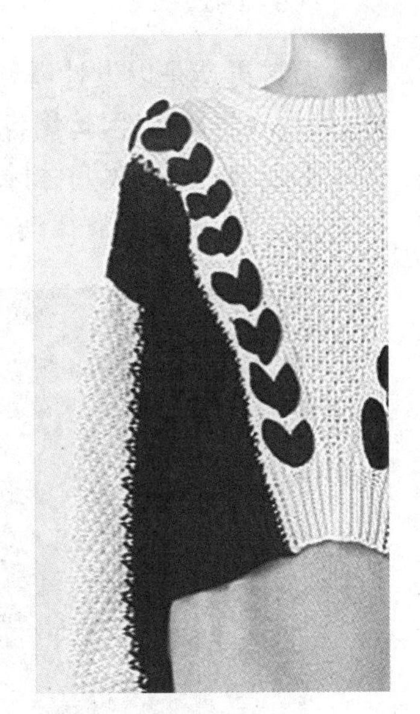

图 4-81　线迹工艺

（三）缝型工艺

缝型即缝纫组合的缝线形状，是组合服装的首位因素。缝型设计应达到两个目的：一是缝线的牢固性，应保持缝纫接合处具有较好的牢度，耐洗、耐磨、耐穿；二是缝线的美观性，应注意缝线的宽窄、止口的线距、缉线明暗、用线粗细、配线颜色等的实际应用（图 4-82）。

图 4-82　缝型工艺

(四) 再造工艺

面料再造是以设计需要为前提，以增强艺术感染力为目标，在现有的服装材料的基础上，依据材料的特性，运用各种服饰工艺手段对面料进行再改造的一种装饰形式(图 4-83、图 4-84)。它可以改变材料原有的外观形态，使其在肌理、形式或质感上产生较大或质的改变，使其成为一种具有律动感、立体感、浮雕感的新型的服装材料。

图 4-83　再造工艺Ⅰ

图 4-84　再造工艺Ⅱ

(五) 刺绣工艺

中国刺绣服饰工艺经历了数千年，是中华民族工艺美术综合发展的结晶，表现了浓郁的雄浑和朴拙的艺术特色。刺绣纹样多以花鸟为题材，技法趋于多样化，如苏绣、湘绣、粤绣、蜀绣等，具有鲜明的民族文化特征，并反映民族的风俗习惯。刺绣与服饰相映衬，使服装更精美、更典雅(图 4-85)。

图 4-85　刺绣工艺

(六) 花边工艺

花边原本装饰在领边、袖口、门襟等处，随着服装的纵深发展，不对称的裙下摆、剖开缝的接合处等也应用了花边作为装饰(图 4-86)。常见的花边种类有本色料的皱花边、尼龙花边、缎带花边等。

图 4-86　花边工艺

（七）图标工艺

目前，图标装饰工艺出现潮牌化的特点。商标以群组的形式装饰于衣身、衣袖及裤片上(图 4-87)。

图 4-87 图标工艺

本章小结

服装优美的造型是每位服装设计师追求的目标，但要实现这一目标，还须潜心研究服装的细节设计，因为它对体现服装的整体造型起着决定性的作用。只有充分运用创造性思维和多样性统一的美的规律，才能在款式美的基础上实现服装细节的结构美及装饰美。服装设计中细节设计的装饰语言层出不穷，服装的设计和生产过程，也是设计师和生产者对潜在的着装者进行艺术表达和寻求审美认同的过程，而着装者也正是通过服饰的选择，来达到与设计师在风格样式、审美情趣以及德行品格上的默契与沟通。真正具有独创风格的服饰艺术品能够产生巨大的艺术感染力，设计师能将个人特有的思想、情感、审美理想等与穿着者进行交流，从而成功地实现文化上的延伸，最终达到服装视觉上的新境界。

【思考与练习】

1. 简述服装设计中细节设计的特征及设计要点。
2. 试分析 O 形和 T 形服装在细节设计时需注意的设计要点有何不同。
3. 选择一种服装廓形(如 T 形)进行 5～8 款服装的细节变化设计。

参考文献

[1] 王小萌，张婕，李正. 服装设计基础与创意[M]. 北京：化学工业出版社，2019.

[2] 陈彬，彭颢善. 服装设计：提高篇[M]. 上海：东华大学出版社，2012.

[3] 林燕宁，邓玉萍. 服装造型设计教程[M]. 南宁：广西美术出版社，2009.

[4] 王晓威. 服装设计风格鉴赏[M]. 上海：东华大学出版社，2008.

[5] 柒丽蓉. 服装设计造型[M]. 南宁：广西美术出版社，2007.

[6] 王晓威. 服装设计风格鉴赏[M]. 上海：东华大学出版社，2008.

[7] 李波，张嘉铭. 形态创意[M]. 沈阳：辽宁美术出版社，2008.

[8] 马蓉. 服装创意与构造方法[M]. 重庆：重庆大学出版社，2007.

[9] 吴翔. 设计形态学[M]. 重庆：重庆大学出版社，2008.

[10] 陈彬. 服装设计基础[M]. 上海：东华大学出版社，2008.

[11] 崔荣荣. 服饰仿生设计艺术[M]. 上海：东华大学出版社，2005.

[12] 刘晓刚，王俊，顾雯. 流程·决策·应变：服装设计方法论[M]. 北京：中国纺织出版社，2009.

[13] 袁仄. 服装设计学[M]. 北京：中国纺织出版社，1993.

[14] 卞向阳. 服装艺术判断[M]. 上海：东华大学出版社，2006.

[15] 达里尔·J. 摩尔. 设计创意流程：用 MBA 式思维成就设计的高效能[M]. 上海：上海人民美术出版社，2009.

[16] 伍斌. 设计思维与创意[M]. 北京：北京大学出版社，2007.

[17] 赵世勇. 创意思维[M]. 天津：天津大学出版社，2008.

参考网站

https://www.vogue.com.cn/

https://www.pop-fashion.com/